Kopfschmerzen

von

Claus Bischoff

und

Harald C. Traue

Hogrefe · Verlag für Psychologie
Göttingen · Bern · Toronto · Seattle

Prof. Dr. Claus Bischoff, geb. 1950. 1968-1974 Studium der Psychologie, Philosophie und Wissenschaftstheorie in Mannheim und Heidelberg. 1975-1988 Wissenschaftlicher Angestellter und Hochschulassistent in der Abteilung Medizinische Psychologie der Universität Ulm. 1979 Promotion. 1987 Habilitation. 1994 Außerplanmäßige Professur für Medizinische Psychologie an der Universität Ulm. 1996 Außerplanmäßige Professur für Klinische Psychologie an der Universität Mannheim. 1999 Approbation als Psychologischer Psychotherapeut. Seit 1988 Leitender Psychologe an der Psychosomatischen Fachklinik Bad Dürkheim.

Prof. Dr. Harald C. Traue, geb. 1950. 1969-1975 Studium der Elektrotechnik, Kybernetik, Informatik und Kommunikationswissenschaft in Berlin, Lemgo und Bremen. 1975 Beginn der wissenschaftlichen Tätigkeit an der Universität Ulm. 1978 Promotion zum Doktor der Humanbiologie. 1983-1987 Visiting und Adjunct Professor an der University of Calgary, Kanada. 1986-1989 Leiter der Abteilung Psychophysiologie an der Forschungsstelle für Psychotherapie, Stuttgart. 1987 Habilitation in Medizinischer Psychologie. Seit 1993 Außerplanmäßiger Professor für Medizinische Psychologie. Seit 2003 Leiter der Sektion Gesundheitspsychologie an der Medizinischen Fakultät der Universität Ulm.

Bibliografische Information Der Deutschen Bibliothek

Die Deutsche Bibliothek verzeichnet diese Publikation in der Deutschen Nationalbibliografie; detaillierte bibliografische Daten sind im Internet über <http://dnb.ddb.de> abrufbar.

http://www.hogrefe.de
Aktuelle Informationen • Weitere Titel zum Thema • Ergänzende Materialien

Satz: Grafik-Design Fischer, Weimar
Druck: Schlütersche Druck GmbH & Co. KG
Printed in Germany
Auf säurefreiem Papier gedruckt

ISBN 3-8017-1623-6

Inhaltsverzeichnis

Danksagung 1

1 Beschreibung der Störungsbilder bei Kopfschmerzen 2
1.1 Klassifikation von Kopfschmerz nach IHS- und ICD-10-Kriterien 3
1.1.1 Migräne 7
1.1.2 Kopfschmerz vom Spannungstyp (Spannungskopfschmerz) 8
1.1.3 Kopfschmerz bei Medikamentenübergebrauch 10
1.1.4 Clusterkopfschmerz und andere trigemino-autonome Kopfschmerzerkrankungen 11
1.1.5 Chronischer posttraumatischer Kopfschmerz 12
1.1.6 Zervikogener Kopfschmerz 13
1.2 Differenzialdiagnostische Probleme 13
1.2.1 Differenzialdiagnose von Migräne und Kopfschmerz vom Spannungstyp 13
1.2.2 Differenzial- und Komorbiditätsdiagnostik bei Kopfschmerzen 15
1.3 Epidemiologie 19

2 Störungstheorien und Modelle 20
2.1 Psychobiologische Annahmen zum Kopfschmerz 22
2.1.1 Psychodynamische Annahmen 22
2.1.2 Psychische Dispositionen für Kopfschmerz 23
2.1.3 Kognitiv-behaviorale Annahmen 24
2.2 Migräne 26
2.2.1 Pathopsychologie der Migräne 26
2.2.2 Auslöser von Migräne 27
2.2.3 Pathophysiologie der Migräne 28
2.3 Kopfschmerzen vom Spannungstyp (KST) 30
2.3.1 Pathopsychologie des KST 31
2.3.2 Auslöser von KST 32

2.3.3 Pathophysiologie des KST ... 33
2.4 Kopfschmerz bei Medikamentenübergebrauch ... 35
2.5 Kopfschmerz zurückzuführen auf psychiatrische Störungen ... 36
2.6 Clusterkopfschmerz ... 37
2.7 Genetische Faktoren beim Kopfschmerz ... 37

3 Diagnostische Verfahren und Dokumentationshilfen ... 38
3.1 Die Kopfschmerzanamnese ... 39
3.1.1 Empfehlungen zur interaktiven Gestaltung der Kopfschmerzanamnese ... 41
3.1.2 Die Themen der Kopfschmerzanamnese ... 44
3.2 Diagnostik nach IHS (International Headache Society)-Kriterien ... 51
3.3 Schmerzskalen ... 52
3.4 Multiaxiale Schmerzklassifikation – MASK ... 55
3.5 Das Schmerztagebuch ... 57
3.6 Psychophysiologische Diagnostik ... 60
3.7 Unspezifische psychometrische Verfahren ... 63

4 Behandlung ... 65
4.1 Vorbemerkung ... 65
4.2 Indikation und Kontraindikation verhaltensmedizinischer Maßnahmen ... 66
4.3 Medikamentöse Therapie ... 68
4.3.1 Migräne ... 68
4.3.2 Kopfschmerz vom Spannungstyp ... 70
4.4 Medikamentenabusus, Kopfschmerz bei Medikamentenübergebrauch und Entzugsbehandlung ... 71
4.5 Entspannungsverfahren und Biofeedback ... 74
4.5.1 Entspannung ... 74
4.5.2 Allgemeine Merkmale einer Biofeedbacktherapie ... 75
4.5.3 Biofeedbacktherapie bei Migräne ... 76
4.5.4 Biofeedbacktherapie bei Kopfschmerz vom Spannungstyp ... 77
4.6 Behandlung von operant konditioniertem Schmerzverhalten ... 78

4.7 Multimodale Programme ... 80
4.7.1 Ausgangspunkte ... 80
4.7.2 Die Konkordanztherapie ... 81
4.7.3 Die Grenzen der manualgesteuerten Therapie ... 87
4.8 Diagnostik und Behandlung von Kopfschmerz bei Kindern ... 88
4.8.1 Problemanalyse und Kopfschmerzkalender bei kindlichen Kopfschmerzen ... 89
4.8.2 Ernährungsoptimierung ... 90
4.8.3 Verhaltenstherapie ... 90
4.8.4 Welche Kinder mit Kopfschmerzen können teilnehmen? ... 92
4.9 Empirische Evidenzen ... 92
4.10 Was Frau D. geholfen hat ... 95

5 Literatur ... 97

6 Anhang ... 102
Kopfschmerz im Internet ... 102
Vertrag zur Verminderung des Schmerzmittelverbrauchs ... 105
Multiaxiale Schmerzklassifikation – Psychosoziale Dimension (MASK-P): Ratingbogen ... 106
Multiaxiale Schmerzklassifikation – Psychosoziale Dimension (MASK-P): Diagnose- und Befundbogen ... 110
Kopfschmerz-Tagebuch für Kinder und Jugendliche ... 112
Kopfschmerzanamnese und Diagnostikempfehlung ... 114

Karten:
Migräne – Erklärungsmodell
Kopfschmerz vom Spannungstyp – Erklärungsmodell
Kopfschmerz durch Medikamentenübergebrauch – Erklärungsmodell

Für unsere Kinder Anna, Julia und Boris
(auf dass sie verschont bleiben…)

Danksagung

Zahlreiche Patienten mit Kopfschmerzen haben sich uns im Laufe der vergangenen Jahre mit ihren Leiden anvertraut und damit Erfahrungen möglich gemacht, die in dieses Buch eingeflossen sind. Mit vielen Kolleginnen und Kollegen konnten wir uns über Probleme der Diagnostik und Therapie von Kopfschmerzen austauschen. Die Herausgeber haben sich konstruktiv kritisch zu Wort gemeldet. Karen Fries vom Hogrefe-Verlag hat in unendlicher Geduld die Arbeiten am Manuskript begleitet und die umfangreichen Änderungen eingearbeitet, die sich durch die Neuauflage der Kopfschmerzklassifikation ergeben haben. Lucia Jerg-Bretzke hat Korrektur gelesen. Allen sei herzlich für ihr Vertrauen, die Unterstützung und freundliche Ermutigung Dank gesagt.

Claus Bischoff
Bad Dürkheim und Ulm, Januar 2004 Harald C. Traue

1 Beschreibung der Störungsbilder bei Kopfschmerzen

Ein klinisches Beispiel: Frau D. (39 Jahre alt) mit Kopfschmerzen vom Spannungstyp

Fallbeispiel für Kopfschmerzen vom Spannungstyp: Das Störungsbild bei Frau D.

Frau D., 39 Jahre alt, verheiratet, als PTA tätig in einem medizinischen Labor, hat seit ca. 10 Jahren Kopfschmerzen. Nach einem Wohnortwechsel vor einem Jahr waren die Schmerzen in ihrer Häufigkeit zurückgegangen, treten aber seit einigen Monaten wieder gehäuft auf. Die Patientin ist im fünften Monat schwanger. Sie möchte keine Analgetika einnehmen und sucht deshalb nach psychologischen Möglichkeiten der Behandlung. Die Kopfschmerzen beginnen meist mit Verspannungsgefühlen im Nacken, steigen von dort auf und ziehen beidseitig über den Kopf. Ihre maximale Intensität erreichen sie nach zwei bis vier Stunden. In der Regel klingen sie nach insgesamt acht bis zehn Stunden ab. Gelegentlich, ca. einmal im Monat, sind die Schmerzen extrem heftig (= 9 auf einer 10-stufigen Intensitätsskala). Die Patientin ist dann sehr aufgeregt und verzweifelt, sie weint und verschafft sich gelegentlich auch durch lautes Klagen über die Schmerzen Luft. Die Schmerzen sind in ihrer Qualität drückend, ziehend und spannend. Über einen längeren Zeitraum betrachtet, treten die Kopfschmerzen an ca. acht Tagen im Monat auf, häufiger an arbeitsfreien Tagen als während der Arbeit. In Urlaubszeiten ist die Patientin jedoch beschwerdefrei. Vor der Schwangerschaft hat Frau D. gegen die Kopfschmerzen erfolgreich ben-u-ron® (Paracetamol) bzw. Novalgin® eingenommen. Aspirin® half jedoch nicht. Hinweise auf einen Missbrauch von Medikamenten liegen nicht vor. Die Patientin berichtet, dass physiotherapeutische Eingriffe an der Halswirbelsäule (um Blockierungen zu lösen) kurzfristig schmerzreduzierend wirkten.

Die Patientin ist mit ihrem Bruder auf einem landwirtschaftlichen Anwesen aufgewachsen, das der Vater verwaltete. Die Jugendzeit war durch Mitverantwortung im elterlichen Betrieb geprägt; dies steht auch in den Kindheitserinnerungen der Patientin im Vordergrund. Mit 19 Jahren verließ sie das Elternhaus, um in einer Stadt der Umgebung ihre Ausbildung zu machen. Die Bindung an das Elternhaus blieb eng. Als schlimmstes Lebensereignis nennt die zu diesem Zeitpunkt 34-jährige Patientin den Tod der Mutter. Danach wuchs ihr die Rolle der Mutter zu, die sich um den Vater und den Bruder sorgen musste. Das führte zu erheblichen Belastungen, da sie ihre Berufstätigkeit beibehielt und sich am Wochenende um die Angelegenheiten der Herkunftsfamilie kümmerte. In der Folgezeit kam es zu einer deutlichen Zunahme von Kopfschmerzen, aber auch zu Schlafstörungen und Verdauungsproblemen. Die Konflikte verschärften sich durch die Ehe, da die Patientin versuchte, auch deren tatsächlichen oder vermeintlichen Ansprüchen gerecht zu werden. Gelegentlich erlaubten ihr die Kopfschmerzen, sich von allzu großer Belastung durch Familie, Beruf und Ehe zurückzuziehen. Eine psychotherapeutische Behandlung (in der nur geredet wurde, wie die Patientin klagt) führte weder zu einer Entlastung von den körperlichen Beschwerden, noch konnte die enge Bindung an Vater und Bruder und die damit verbundene Überlastung bearbeitet und aufgelöst werden. Der Wohnortwechsel bewirkte eine deutliche Entlastung von den Verpflichtungsgefühlen, da es der Patientin auf Grund der räumlichen Distanz und der damit einhergehenden Reiseprobleme praktisch unmöglich war, sich am Wochenende um Vater und Bruder zu kümmern.

1.1 Klassifikation von Kopfschmerz nach IHS- und ICD-10-Kriterien

Richtungsweisend sind die Klassifikationen von IHS und ICD-10

Derzeit richtungsweisend bei der Klassifikation von Kopfschmerzen ist das System der International Headache Society (IHS) in seiner zweiten Auflage (Kopfschmerzklassifikationskomitee der IHS, 2003). Das System liefert den klassifikatorischen Rahmen für das vorliegende Kapitel, da es die einzelnen Kopfschmerzformen so exakt beschreibt, dass für die klinische Kommunikation und auch für Forschungszwecke ausreichend reliable und international vergleichbare Diagnosen gestellt werden können.

Die Klassifikation ist mit bis zu vierstelligen Zahlen hierarchisch gegliedert. Für klinische Zwecke reicht in der Regel eine zweistellige diagnostische Charakterisierung der Kopfschmerzen aus. Jede Kopfschmerzform wird einerseits mit einer Kurzbeschreibung eingeführt, andererseits werden strenge operationale Kriterien definiert, die zur Diagnosestellung einer bestimmten Kopfschmerzform erfüllt sein müssen. Frequenz und Intensität der Kopfschmerzen werden nicht eigens verschlüsselt, sollten aber im freien Text spezifiziert werden. Das Klassifikationssystem besteht aus 14 Hauptkategorien, die in Tabelle 1 aufgelistet sind.

Die Kategorien 1 bis 4 charakterisieren idiopathische oder primäre Kopfschmerzerkrankungen – Kopfschmerzen, die Störungen sui generis sind und nicht als Symptom einer anderen organischen oder psychiatrischen Grunderkrankung interpretiert werden können. Die Kategorien 5 bis 12 beschreiben symptomatische oder sekundäre Kopfschmerzerkrankungen, die also Symptom einer anderen Grunderkrankung oder -störung sind. Die Kategorien 13 und 14 laufen unter der Überschrift „Kraniale Neuralgien, zentraler und primärer Gesichtsschmerz und andere Kopfschmerzen". Zweifelsohne sind für den Verhaltensmediziner Migräne und Kopfschmerz vom Spannungstyp als primäre Kopfschmerzformen und Kopfschmerz, der mit

Tabelle 1:
Hauptformen von Kopfschmerzen (Klassifikation der IHS)

1. Migräne
2. Kopfschmerz vom Spannungstyp
3. Cluster-Kopfschmerz und andere trigemino-autonome Kopfschmerzerkrankungen
4. Andere primäre Kopfschmerzarten
5. Kopfschmerzen zurückzuführen auf ein Kopf- und/oder HWS-Trauma
6. Kopfschmerzen zurückzuführen auf Gefäßstörungen im Bereich des Kopfes und des Halses
7. Kopfschmerzen zurückzuführen auf nichtvaskuläre intrakraniale Störungen
8. Kopfschmerzen zurückzuführen auf eine Substanz oder deren Entzug
9. Kopfschmerzen zurückzuführen auf eine Infektion
10. Kopfschmerzen zurückzuführen auf eine Störung der Homöostase
11. Kopf- oder Gesichtsschmerzen zurückzuführen auf Erkrankungen des Schädels sowie von Hals, Augen, Ohren, Nase, Nebenhöhlen, Zähnen, Mund oder anderen Gesichts- oder Schädelstrukturen
12. Kopfschmerz zurückzuführen auf psychiatrische Störungen
13. Kraniale Neuralgien und zentrale Ursachen von Gesichtsschmerzen
14. Andere Kopfschmerzen, kraniale Neuralgien, zentrale oder primäre Gesichtsschmerzen

übermäßiger Einnahme von Schmerzmitteln oder deren Entzug verknüpft ist, als sekundäre Kopfschmerzform diagnostisch und therapeutisch die bedeutsamsten. Ihrer Darstellung gilt deshalb das Hauptaugenmerk dieses Buches. Zur besseren differenzialdiagnostischen Einordnung von Kopfschmerzen sind darüber hinaus Basiskenntnisse über die Hauptkategorie 3 (Cluster-Kopfschmerz und andere trigemino-autonome Kopfschmerzerkrankungen), 5 (den chronischen posttraumatischen Kopfschmerz als Form von Kopfschmerz zurückzuführen auf eine Kopfverletzung) und 11 (zumindest den zervikogenen Kopfschmerz) nützlich. Nur bei den Regelungen hinsichtlich der Komorbiditätsdiagnostik (Kapitel 1.2.2) werden hingegen Kopfschmerzen behandelt, die auf psychiatrische Störungen (Somatisierungsstörung, undifferenzierte somatoforme Störung, psychotische Störung, Major Depression, Panikstörung, generalisierte Angststörung, soziale Phobie, emotionale Störung mit Trennungsangst, posttraumatische Belastungsstörung) zurückzuführen sind (IHS-Kode 12.1, 12.2 und A12.3 bis A12.9), weil in diesen Fällen Diagnose und Therapie anderen Konzepten folgen muss, die in der Weiterbildung zum Psychotherapeuten an eigener Stelle behandelt werden. Ebenfalls unberücksichtigt bleibt die Kategorie „Andere primäre Kopfschmerzen" – eine sehr bunte Mischung eher seltener Kopfschmerzformen, z. B. primärer Hustenkopfschmerz, primärer Donnerschlagkopfschmerz, aber auch primärer stechender Kopfschmerz, primärer Kopfschmerz bei sexueller Aktivität und Hemikrania continua. Einige dieser primären Kopfschmerzformen mögen zwar verhaltensmedizinische Implikationen haben, diese sind aber kaum erforscht.

Im klinischen Alltag müssen Diagnosen nach der ICD-10 bzw. nach der differenzierteren ICD-10 NA (*N*eurological *A*pplication) verschlüsselt werden. IHS-Diagnosen und ICD-Diagnosen lassen sich unmittelbar ineinander überführen – wobei die IHS-Klassifikation die detaillierteste von den dreien ist und den Maßstab für ICD-10 gegeben hat. Die nachfolgende Tabelle 1.2 zeigt exemplarisch den Zuordnungsschlüssel für Migräne, Kopfschmerz vom Spannungstyp und Kopfschmerz zurückzuführen auf eine Substanz oder deren Entzug.

IHS-Klassifikation, ICD-10 und ICD-10 NA: drei korrespondierende Klassifikationssysteme

Tabelle 2:
Vergleich der verschiedenen Klassifikationen

	IHS-Kode	ICD-10-NA-Kode	ICD-10-Kode
Migräne	1	G 43	G 43
Migräne ohne Aura	1.1	G 43.0	G 43.0
Migräne mit Aura	1.2	G 43.1	G 43.1
Typische Aura mit Migränekopfschmerz	1.2.1	G 43.10	G 43.1
Typische Aura mit Kopfschmerzen, die nicht einer Migräne entsprechen	1.2.2	G 43.10	G 43.1
Typische Aura ohne Kopfschmerz	1.2.3	G 43.104	G 43.1
Familiäre hemiplegische Migräne	1.2.4	G 43.105	G 43.1
Sporadische hemiplegische Migräne	1.2.5	G 43.105	G 43.1
Migräne vom Basilaristyp	1.2.6	G 43.103	G 43.1
Periodische Syndrome in der Kindheit, die im Allgemeinen Vorläufer einer Migräne sind	1.3	G 43.82	
Zyklisches Erbrechen	1.3.1	G 43.82	
Abdominelle Migräne	1.3.2	G 43.820	
Gutartiger paroxysmaler Schwindel in der Kindheit	1.3.3	G 43.821	
Retinale Migräne	1.4	G 43.81	
Migränekomplikationen	1.5	G 43.3	G 43.8
Chronische Migräne	1.5.1	G 43.3	G 43.3
Status migränosus	1.5.2	G 43.2	G 43.2
Persistierende Aura ohne Hirninfarkt	1.5.3	G 43.3	G 43.3
Migränöser Infarkt	1.5.4	G 43.3	G 43.3
Zerebrale Krampfanfälle, durch Migräne getriggert	1.5.5	G 43. 3 +	G 43.3 +
Wahrscheinliche Migräne	1.6	G 43.83	G 43.9
Wahrscheinliche Migräne ohne Aura	1.6.1	G 43.83	G 43.9
Wahrscheinliche Migräne mit Aura	1.6.2	G 43.83	G 43.9
Wahrscheinliche chronische Migräne	1.6.3	G 43.53	G 43.9
Kopfschmerz vom Spannungstyp	2	G 44.2	G 44.2
Sporadisch auftretender episodischer Kopfschmerz vom Spannungstyp	2.1	G 44.2	G 44.2
assoziiert mit perikranialer Schmerzempfindlichkeit	2.1.1	G 44.20	G 44.2
nicht assoziiert mit perikranialer Schmerzempfindlichkeit	2.1.2	G 44.21	G 44.2

Fortsetzung Tabelle 2:

	IHS-Kode	ICD-10-NA-Kode	ICD-10-Kode
Häufig auftretender episodischer Kopfschmerz vom Spannungstyp	2.2	G 44.2	G 44.2
assoziiert mit perikranialer Schmerzempfindlichkeit	2.2.1	G 44.21	G 44.2
nicht assoziiert mit perikranialer Schmerzempfindlichkeit	2.2.2	G 44.22	G 44.2
Chronischer Kopfschmerz vom Spannungstyp	2.3	G 44.2	G 44.2
assoziiert mit perikranialer Schmerzempfindlichkeit	2.3.1	G 44.23	G 44.2
nicht assoziiert mit perikranialer Schmerzempfindlichkeit	2.3.2	G 44.24	G 44.2
Wahrscheinlicher Kopfschmerz vom Spannungstyp	2.4	G 44.28	G 44.8
Wahrscheinlicher sporadisch auftretender Kopfschmerz vom Spannungstyp	2.4.1	G 44.28	G 44.8
Wahrscheinlicher häufig auftretender Kopfschmerz vom Spannungstyp	2.4.2	G 44.28	G 44.8
Wahrscheinlicher chronischer Kopfschmerz vom Spannungstyp	2.4.3	G 44.28	G 44.8
Kopfschmerz zurückzuführen auf eine Substanz oder deren Entzug	8	G 44.4/83	G 44.4/8
Kopfschmerz induziert durch akuten Substanzgebrauch oder akute Substanzexposition (mit neun Untergruppen)	8.1 …	G 44.40	G 44.4
…	…		
Kopfschmerz bei Medikamentenübergebrauch	8.2	G 44.41/83	G 44.4/8
Kopfschmerz bei Ergotaminübergebrauch	8.2.1	G 44.411 (Y 52.5)	G 44.4, F 55.2
Kopfschmerz bei Triptanübergebrauch	8.2.2	G 44.41	G 44.4, F 55.2
Kopfschmerz bei Analgetikaübergebrauch	8.2.3	G 44.410 (F 55.2)	G 44.4, F 55.2
Kopfschmerz bei Opoidübergebrauch	8.2.4	G 44.83 (F 11.2)	G 44.4, F 11.2
Kopfschmerz bei Übergebrauch von Schmerzmittelmischpräparaten	8.2.5	G 44.410 (F 55.2)	G 44.4, F 55.2
Kopfschmerz zurückzuführen auf den Übergebrauch einer anderen Medikation	8.2.6	G 44.410	G 44.4
Wahrscheinlicher Kopfschmerz bei Medikamentenübergebrauch	8.2.7	G 44.41/83	G 44.4/8, F 55.2
Kopfschmerz als Nebenwirkung zurückzuführen auf eine Dauermedikation	8.3	G 44.4	G 44.4
Kopfschmerz induziert durch exogene Hormone	8.3.1	G 44.418	G 44.4
Kopfschmerz zurückzuführen auf den Entzug einer Substanz	8.4	G 44.83	G 44.8
Koffeinentzugskopfschmerz	8.4.1	G 44.83 (F 15.3)	G 44.8 (F 15.3)
Opioidentzugskopfschmerz	8.4.2	G 44.83 (F 11.3)	G 44.8 (F 11.3)
Östrogenentzugskopfschmerz	8.4.3	G 44.83 (Y 42.4)	G 44.8
Kopfschmerz zurückzuführen auf den Entzug anderer chronisch eingenommener Substanzen	8.4.4	G 44.83	G 44.8

1.1.1 Migräne

Die beiden wichtigsten Hauptformen der Migräne sind: Migräne mit und ohne Aura. Von *Migräne ohne Aura* (ehemals: einfache oder gewöhnliche Migräne) wird bei wiederkehrenden Kopfschmerzattacken mit einer Dauer von 4 bis 72 Stunden gesprochen. Typische Merkmale der Schmerzen sind Einseitigkeit, pulsierende Qualität, mäßige bis starke Intensität und Verstärkung der Schmerzen bei gewöhnlicher körperlicher Aktivität. Als Begleitsymptome treten auf: Übelkeit mit oder ohne Erbrechen oder Photo- und Phonophobie. Störungen der Kategorien 5 bis 14 müssen als Ursache ausgeschlossen werden.

Migräne ohne Aura

Migräne ohne Aura

- Mindestens fünf Attacken, welche die nachfolgenden Kriterien erfüllen:
- Kopfschmerzattacken, die (unbehandelt oder erfolglos behandelt) 4 bis 72 h anhalten
- Kopfschmerzcharakteristika (mindestens zwei):
  - einseitige Lokalisation
  - pulsierender Charakter
  - mittlere oder starke Schmerzintensität
  - Verstärkung bei körperlicher Routineaktivität (z. B. Gehen oder Treppensteigen) oder diese führt zu deren Vermeidung
- Begleitsymptome (mindestens eines):
  - Übelkeit und/oder Erbrechen
  - Photophobie und Phonophobie

Migräne mit Aura ist ein wiederkehrender Kopfschmerz in Form von Attacken mit reversiblen fokalen neurologischen Symptomen. Auch bei der Migräne mit Aura sind Störungen der Kategorien 5 bis 14 als Ursache ausgeschlossen.

Aurasymptome sollten nicht mit *ankündigenden Symptomen* verwechselt werden, die ein bis zwei Tage vor der Attacke auftreten können: beispielsweise Hyperaktivität, gute Stimmung, Hypoaktivität, Depression, Heißhunger auf bestimmte Nahrungsmittel oder wiederholtes Gähnen.

Und jetzt noch die Untergruppen

Migräne mit Aura hat mehrere Untergruppen. Die wichtigsten sind die typische Aura mit Migränekopfschmerz, die familiäre hemiplegische und die typische Aura ohne Kopfschmerz. Die Kriterien der *typischen Aura mit Migränekopfschmerz* finden sich auf Seite 8.

Die *familiäre hemiplegische Migräne* hat eine vollständig reversible motorische Schwäche als eines der Aurasymptome. Für die weiteren Aurasymptome gelten die Kriterien der typischen Aura. Dieser Migränetypus wird diagnostiziert, wenn mindestens ein Verwandter ersten oder zweiten Grades an derselben Störung leidet. Bei der *typischen Aura ohne Kopfschmerz* sind die Kriterien einer Aura erfüllt, aber es tritt gleichwohl in den 60 Minuten nach Beginn der ersten Aurasymptome kein Kopfschmerz auf.

Migräne mit Aura

Typische Aura mit Migränekopfschmerz
– Mindstens zwei Attacken, welche die nachfolgenden Kriterien erfüllen: – Kopfschmerzen, welche die Kriterien einer Migräne ohne Aura erfüllen – Wenigstens eines der folgenden Aurasymptome, das aber nicht einer motorischen Schwäche entspringt: 1. vollständig reversible visuelle Symptome mit positiven (z. B. flackernde Lichter, Punkte oder Linien) und/oder negativen Merkmalen (d. h. Sehverlust) 2. vollständig reversible sensible Symptome mit positiven (d. h. Kribbelmissempfindungen) und/oder negativen Merkmalen (d. h. Taubheitsgefühl) 3. vollständig reversible dysphasische Sprachstörung – Wenigstens zwei der folgenden Punkte sind erfüllt: 1. homonyme visuelle Symptome und/oder einseitige sensible Symptome 2. wenigstens ein Aurasymptom entwickelt sich allmählich über 5 Minuten hinweg und/oder verschiedene Aurasymptome treten nacheinander in Abständen von 5 Minuten auf 3. jedes Symptom hält 5 Minuten und weniger als eine Stunde an – Die Kopfschmerzen beginnen noch während der Aura oder folgen der Aura innerhalb einer Stunde.

Unter den Migränekomplikationen wird in der 2. Auflage der IHS-Klassifikation die neue Kategorie der *chronischen Migräne* geführt. Per definitionem handelt es sich um Migräne ohne Aura, die an 15 oder mehr Tagen im Monat auftritt, ohne dass ein Medikamentenübergebrauch besteht. Eine weitere Migränekomplikation stellt der *Status migränosus* dar, d. h. eine Kopfschmerzattacke starker Intensität, welche die Kriterien einer Migräne ohne Aura erfüllt und die trotz Behandlung – obwohl möglicherweise unterbrochen durch kürzere schmerzfreie Intervalle – insgesamt länger als 72 Stunden dauert.

1.1.2 Kopfschmerz vom Spannungstyp (Spannungskopfschmerz)

Die häufigste Kopfschmerzform: KST

Kopfschmerz vom Spannungstyp – wir verwenden alternierend den alten, aber immer noch gebräuchlichen Terminus Spannungskopfschmerz – ist ein *Sammeltopf* für Kopfschmerzformen, die ehemals als Muskelkontraktionskopfschmerz, Stress- oder psychogener Kopfschmerz diagnostiziert wurden – ein Sammeltopf allerdings, in den durch Untergruppierungen etwas Ordnung eingezogen ist. Zu unterscheiden ist dabei zwischen episodischem und chronischem Spannungskopfschmerz.

Episodischer Spannungskopfschmerz besteht in wiederkehrenden, Minuten bis Tage dauernden Kopfschmerzepisoden. Die Schmerzqualität ist drückend bzw. spannend, die Intensität schwach bis mittel. Der Schmerz wird vom Patienten bilateral lokalisiert und verschlimmert sich bei körperlichen Alltagsaktivitäten nicht. Licht- oder Lärmempfindlichkeit können vorkommen, nicht aber Übelkeit. Wer an episodischem Spannungskopfschmerz leidet, erlebt im Jahr mehr Tage ohne als mit Schmerz. Patienten mit sporadisch auftretendem episodischem Kopfschmerz vom Spannungstyp haben nach der neuen Definition an weniger als einem Tag im Monat, Patienten mit häufig auftretendem episodischem Kopfschmerz vom Spannungstyp zwischen einem und maximal 14 Tagen im Monat ihr Leiden. Eine andere Erkrankung als Kopfschmerzursache darf hier nicht vorliegen. Der sporadische Typ ist im medizinisch-klinischen Bereich wenig bedeutsam.

Episodischer Kopfschmerz vom Spannungstyp

- Wenigstens 10 Episoden, welche die nachfolgenden Kriterien erfüllen:
- Schmerzphasen: unbehandelt 30 min bis 7 Tage
- Mindestens zwei der folgenden Schmerzcharakteristika:
  - beidseitige Lokalisation
  - Qualität drückend oder beengend, nicht pulsierend
  - leichte bis mittlere Intensität
  - keine Verstärkung durch körperliche Routineaktivitäten wie Gehen oder Treppensteigen
- Weitere Bedingungen:
  - keine Übelkeit
  - kein Erbrechen
  - maximal eines der beiden folgenden Symptome: Photophobie oder Phonophobie

Bei Patienten, die an *chronischem Kopfschmerz vom Spannungstyp* leiden, überwiegen die Tage mit Kopfschmerz. Außerdem kann milde Übelkeit als Symptom auftreten, nicht aber Erbrechen. Ansonsten gilt für ihn die Beschreibung des episodischen Kopfschmerzes vom Spannungstyp. Von chronischem Kopfschmerz vom Spannungstyp kann erst gesprochen werden, wenn er mindestens drei Monate vorliegt.

Episodischer und auch chronischer Spannungskopfschmerz können mit oder ohne erhöhte Schmerzempfindlichkeit in der perikranialen (= den Schädel umgebenden) Muskulatur auftreten. Die erhöhte Schmerzempfindlichkeit wird durch manuelle Palpation mit kontrolliertem Druck festgestellt.

Wenn die Kopfschmerzen eines Patienten sowohl die Kriterien für Kopfschmerz vom Spannungstyp als auch für Migräne erfüllen, werden beide Diagnosen vergeben.

Die Differenzialdiagnose der Kopfschmerzen von Frau D.

Kopfschmerzen vom Spannungstyp: Die Differenzialdiagnose bei Frau D.
Die Kopfschmerzen von Frau D. sind nach den Kriterien der IHS episodische Kopfschmerzen vom Spannungstyp mit einer Störung der perikranialen Muskulatur: Sie sind bilateral, ihrer Qualität drückend, ziehend, spannend; ihre Dauer liegt unbehandelt zumeist unter 20 Stunden. Begleitsymptome liegen nicht vor. Die Patientin hat die Kopfschmerzen weniger als 15 Tage im Monat. Für die Beteiligung der perikranialen Muskulatur sprechen signifikant erhöhte Werte im EMG-Scanning im Bereich der Mm. temporalis, masseter, sternocleidomastoideus und in der paraspinalen Muskulatur im Nacken bei C4 und weiter unterhalb bei T2. Der Befund entspricht dem Erleben der Patientin, die im selben Bereich Verspannungen lokalisiert.

1.1.3 Kopfschmerz bei Medikamentenübergebrauch

Wenn Kopfschmerzen die Folge von Analgetika sind

Regelmäßige Schmerzmitteleinnahme kann ihrerseits Kopfschmerzen zur Folge haben, vor allem dann, wenn der bekämpfte Schmerz seinerseits ein Kopfschmerz ist – Rückenschmerzpatienten entwickeln keinen medikamentenbedingten Kopfschmerz. Kopfschmerz bei Übergebrauch welcher Medikamente auch immer ist zunächst einmal definiert durch diese Kriterien:

1. Der Kopfschmerz besteht an mindestens 15 Tagen im Monat.
2. Er hat sich während des Medikamentengebrauchs entwickelt oder verschlechtert.
3. Nach Absetzen der Medikation verschwindet er bzw. kehrt er innerhalb von zwei Monaten zu seinem früheren Auftretensmuster zurück.

Das letzte Kriterium ist insofern interessant, als ihm zu Folge die Diagnose eines Kopfschmerzes bei Medikamentenübergebrauch endgültig erst nach der Entzugsbehandlung gestellt werden kann. Vorher sollte man nach Definition der IHS von einem *wahrscheinlichen* Kopfschmerz bei Medikamentenübergebrauch sprechen.

Kopfschmerz bei Medikamentenübergebrauch hat unterschiedliche Erscheinungsformen

Je nach Substanzklasse und Einnahmehäufigkeit entstehen nach Intensität und Qualität unterschiedliche Kopfschmerzen. Übermäßige *Ergotamineinnahme* macht bilaterale, drückende, einengende Kopfschmerzen leichter oder mittlerer Intensität bei regelmäßiger Einnahme an mindestens zehn Tagen im Monat über drei Monate hinweg oder länger. Die übermäßige Einnahme von *Triptanen* bewirkt bei regelmäßiger Einnahme an mindestens zehn Tagen im Monat über drei Monate hinweg oder länger vornehmlich einseitige, pulsierende Schmerzen mittlerer bis starker Intensität, die sich bei körperlicher Aktivität verstärken und mit Übelkeit, Erbrechen, Phono- und Photophobie verknüpft sein können. *Analgetika* führen bei regelmäßiger Einnahme an mindestens fünfzehn Tagen im Monat über wenigstens drei Monate hinweg zu bilateralen, drückenden/einengenden Kopfschmerzen leichter oder mittlerer Intensität. Dasselbe gilt für *Schmerzmittelmischpräparate* mit Ausnahme der Tatsache, dass Kopfschmerz bereits bei Einnahme an zehn Tagen im Monat entsteht. In der ICD-10 werden Kopfschmerzen bei Übergebrauch der genannten Medikamente mit G 44.4 in Kombination mit F 55.2 verschlüsselt. Auch *Opioideinnahme* an mindestens zehn Tagen im Monat über einen Zeitraum von drei Monaten und länger kann Kopfschmerzen bedingen, deren Lokalisation, Qualität und Intensität allerdings nicht genau vorhersagbar ist. Opioidbedingte Kopfschmerzen werden mit G 44.4 und F 11.2 kodiert. Die vielfältigen differenzierenden Festlegungen, die in den Definitionen von Kopfschmerzen bei Übergebrauch der verschiedenen Substanzen hinsichtlich der Qualität der Kopfschmerzen und der kritischen Zahl der Tage im Monat mit Medikamenteneinnahme getroffen wurden, beruhen – wie auch die IHS selbstkritisch feststellt – auf Erfahrungswissen von Experten, nicht auf systematischen empirischen Studien.

1.1.4 Clusterkopfschmerz und andere trigemino-autonome Kopfschmerzerkrankungen

Clusterkopfschmerz: Kopfschmerz nach Fahrplan

Clusterkopfschmerz ist gekennzeichnet durch Attacken eines schweren, streng einseitigen Schmerzes in oder oberhalb der Augenhöhle oder in der Schläfe. Die Patienten berichten oft von Schmerzen, als würde man ihnen mit einem Messer ins Auge stechen. Die Attacken dauern zwischen 15 und 180 Minuten und treten mit einer Häufigkeit von einer Attacke jeden zweiten Tag bis zu acht Attacken am Tag auf. Eines oder mehrere Begleitsymptome kommen auf der gleichen Kopfseite vor: Rötung des Augapfels, Tränenfluss, erschwerte Nasenatmung, wässrige Absonderungen aus der Nase, vermehrtes Schwitzen im Bereich von Stirn und Gesicht, Zurücksinken des Augapfels, Liedspalte und eng gestellte Pupille. Während der Attacken sind die meisten Patienten unruhig oder agitiert.

Die seltene paroxysmale Hemikranie gleicht in der Lokalisation, der Schmerzqualität und in den Begleitsymptomen dem Clusterkopfschmerz. Die extrem schmerzhaften Attacken sind allerdings noch häufiger (mindestens fünf Attacken am Tag), die Dauer der Attacken beträgt 2 bis 30 Minuten. Außerdem sind von diesem Leiden fast ausschließlich Frauen betroffen. Bei noch kürzerer Attackendauer (5 bis 240 Sekunden) ist als Diagnose SUNCT (Short-lasting Unilateral Neuralgiform headache attacks with Conjuncitval injection and Tearing) in Betracht zu ziehen. Clusterkopfschmerz, paroxysmale Hemikranie und SUNCT werden in der ICD-10 mit G 44.0 kodiert.

1.1.5 Chronischer posttraumatischer Kopfschmerz

Wenn Kopfschmerzen nach Traumata auftreten

Kopftraumata können Kopfschmerzen im Gefolge haben. Von posttraumatischem Kopfschmerz (PK) spricht die IHS, wenn der Schmerz innerhalb von 7 Tagen nach der Verletzung auftritt (bei Bewusstlosigkeit: 7 Tage nach Wiedererlangung des Bewusstseins). Klingt er bis spätestens 12 Wochen nach dem Schädeltrauma ab, war es ein akuter PK, überdauert er diese 12 Wochen, ist von chronischem PK die Rede. Ein chronischer PK geht also nach der IHS per definitionem immer aus einem akuten hervor! Dies ist bei circa einem Drittel der Patienten mit akutem PK der Fall. Zur Klassifikation von PK wird außerdem der Schweregrad des Traumas herangezogen. Akuter bzw. chronischer PK kann bei *mittlerer oder schwerer Kopfverletzung* auftreten (definiert durch einen gänzlichen Bewusstseinsverlust für mehr als 30 Minuten oder eine Komatiefe von kleiner 13 auf der sog. Glasgow Coma Scale oder eine posttraumatische Amnesie von mehr als 48 Stunden Dauer oder eine in der Bildgebung nachweisbare traumatische Hirnläsion), aber auch bei *leichter Kopfverletzung* (kein Bewusstseinsverlust oder Bewusstseinsverlust für weniger als 30 Minuten oder ein Wert größer/gleich 13 auf der Glasgow Coma Scale oder Symptome bzw. Zeichen einer Gehirnerschütterung). Interessanterweise ist die Wahrscheinlichkeit der Entstehung von chronischem PK nach Trauma mit kurzer oder gar keiner Bewusstlosigkeit größer als nach Trauma mit längerer Bewusstlosigkeit (wofür neurophysiologische Mechanismen verantwortlich gemacht werden).

Vom Phänotyp her sind akuter und chronischer PK höchst variabel. Sie können vom vasodilatatorischen Typ sein (pochend, sich mit körperlicher Aktivität verschlimmernd), vom Typ eines nicht-pulsierenden Dauerkopfschmerzes in einem umschriebenen Kopfareal, vom Typ einer Migräne (die vorher nicht in Erscheinung trat), als Kopfschmerzen in Stirn und Schläfen mit schweren vegetativen Begleitsymptomen imponieren oder – und das ist am häufigsten – die Symptomatik eines KST aufweisen (sog. sekundärer KST). Der chronische PK kann mit einer Vielzahl von Begleitstörungen einhergehen, vor allem mit Schwindel, Schlafstörungen und Depressivität, aber auch mit rascher Ermüdbarkeit, Konzentrationsstörungen, Gedächtnisverlust, Ängstlichkeit, Frösteln etc., kurz: mit einem neurasthenischen Syndrom. Chronischer PK und das begleitende neurasthenische Syndrom gehen im beruflichen und privaten Bereich oftmals mit einem allgemeinen Leistungsabfall oder -knick einher. Nicht zu vergessen, dass ein körperliches Trauma (beispielsweise infolge eines Unfalls) auch psychische Traumatisierung, im Extremfall sogar eine posttraumatische Belastungsstörung im Gefolge haben kann. Eine diagnostische Einordnung ist insbesondere dann schwierig, wenn – wie so oft nach Traumata – Entschädigungs-, Schmerzensgeld- und Berentungsfragen aktuell werden. Die beschriebene Komplexität des Geschehens ist mitunter Anlass, den Verhaltensmediziner in Diagnostik und Therapie einzubeziehen. In der ICD-10 ist der Kode für chronischen posttraumatischen Kopfschmerzen G44.3 (IHS: 5.2).

1.1.6 Zervikogener Kopfschmerz

Eine vor allem bei Orthopäden – und ihren Patienten – gängige Diagnose ist die des *zervikogenen* Kopfschmerzes (IHS-Kategorie 11.2.1; ICD-10-Verschlüsselung mit M99 und G44.8). Gemeint ist damit ein Kopfschmerz, der auf einer als Schmerzursache allgemein anerkannten Störung oder Schädigung der Halswirbelsäule oder der Halsweichteile beruht. Der Nachweis einer solchen Störung oder Schädigung muss durch die klinische Untersuchung, laborchemisch oder mittels bildgebender Verfahren erbracht werden. Es muss auf jeden Fall klinische Zeichen geben, die eine zervikale Schmerzquelle nahe legen, oder der Schmerz muss durch diagnostische Blockaden (Injektion von Analgetika) ausgeschaltet werden können. Es handelt sich hinsichtlich der Lokalisation um einen Schmerz, der von seinem Ursprung im Bereich der Halswirbelsäule in einen oder mehrere Bereiche des Kopfes oder Gesichts projiziert. Gemessen an diesen scharfen Kriterien wird zervikogener Kopfschmerz in der Praxis zu oft diagnostiziert, meist fälschlicherweise – bei Einseitigkeit – statt Migräne bzw. – bei okzipitaler Lokalisierung – statt KST.

Kopfschmerzen im Halsbereich

1.2 Differenzialdiagnostische Probleme

1.2.1 Differenzialdiagnose von Migräne und Kopfschmerz vom Spannungstyp

Die diagnostischen Kriterien der IHS stellen auf Grund der Sprachvereinheitlichung zweifelsohne einen Fortschritt dar. Auch in der Empirie erlauben sie eine präzise Unterscheidung zwischen Migräne und Kopfschmerz vom Spannungstyp. Allerdings scheinen die IHS-Kriterien für KST eine geringe Sensibilität zu haben – bei 55 % der Kopfschmerzen, die auf KST hinweisen, sind die Kriterien nicht voll erfüllt. Dem Diagnostiker bleibt hier nur die Einordnung der Kopfschmerzen in die Kategorie 2.3 (Wahrscheinlicher Kopfschmerz vom Spannungstyp), die wie eine eigens wegen dieser misslichen Situation entwickelte Verlegenheitsdiagnose wirkt.

IHS-Klassifikation: Gute Sache, aber nicht immer erfolgreich anzuwenden

Weiterhin in der Diskussion ist zudem, ob Migräne und Spannungskopfschmerz überhaupt als verschiedene Krankheitseinheiten zu verstehen sind. Bakal (1982) schlug auf Grund mehrerer empirischer Studien über typische Kopfschmerzsymptome ein *eindimensionales Kontinuum-Modell* vor, das Kopfschmerzen nach ihrem Schweregrad ordnet, wobei Kopfschmerzen mit migränoiden Symptomen in der Regel die schwereren seien. Be-

Alte Zweifel bekommen neue Nahrung

fürworter der traditionellen Unterscheidung weisen indes vor allem auf Untersuchungen zum Vasotonus der Temporalarterie hin: Migräniker haben sowohl im anfallsfreien Intervall, besonders aber im Anfall eine gegenüber Normalpersonen verstärkte Dilatation der Temporalarterie, Patienten mit Spannungskopfschmerz dagegen nicht. Auch das Phänomen der exterozeptiven Hemmung spricht für eine Unterscheidung zwischen Spannungskopfschmerz und Migräne: Wird ein kurzer Schmerzreiz an der Oberlippe appliziert, so lässt sich zweimal kurz hintereinander eine zentralnervös vermittelte Hemmung der Aktivität der Kaumuskulatur beobachten. Die zweite Suppressionsperiode (ES 2) ist bei 21 % der Patienten mit Kopfschmerz vom Spannungstyp verkürzt, bei 79 % fehlt sie sogar völlig, dagegen nur bei 37 % der Migräniker (zu den physiologischen Hintergründen siehe auch Kapitel 2.2).

Beteiligung der Muskulatur oder keine Beteiligung der Muskulatur – das ist die Frage

Die Unterscheidung der IHS zwischen Kopfschmerz vom Spannungstyp mit und ohne Überempindlichkeit der perikranialen Muskulatur hat den großen Vorteil, die früher häufig aufgetretene Mehrdeutigkeit des Begriffs der Spannung (Spannung als seelische Spannung, als Schmerzqualität, als Muskelverspannung) zu beseitigen. In der ersten Auflage der IHS-Klassifikation wurden als Möglichkeiten zur Operationalisierung die manuelle Palpation, EMG oder Druckalgesiometrie vorgeschlagen. In der zweiten Auflage stellt das Komitee ohne weitere Begründung fest, nur die manuelle Palpation habe sich als hilfreich erwiesen. Nach unserer Kenntnis mag es sich bei dieser Problemlösung zwar um die praktikabelste handeln – für den Kliniker sind EMG-Messungen, die ja in diesem Fall mit Oberflächenelektroden und über längere Zeiträume vorgenommen werden müssten, sehr aufwändig –, aber es gibt für sie keine Vorschriften zur standardisierten Durchführung, und die Interrater- und Retest-Reliabilität der Palpationsbefunde von klinisch arbeitenden ärztlichen Schmerztherapeuten sind nachgewiesenermaßen eher niedrig (Bischoff & Lê Hô'ng, 1991).

Um die praktische Diagnosestellung von Migräne versus KST zu erleichtern, werden in Tabelle 3 die wichtigsten definierenden Symptome der beiden Störungen noch einmal gegenüber gestellt.

Tabelle 3:
Differenzialdiagnostik von Migräne und KST

Migräne ohne Aura	Kopfschmerz vom Spannungstyp
unilateral > bilateral	bilateral
pulsierend	dumpf-drückend *(Helm, Eisenband, Last)*
Schmerzintensität + + bis + + +	Schmerzintensität + bis + +
Vegetative Symptome + + +	Vegetative Symptome 0 bis +
Körperliche Routineaktivität steigert KS	Körperliche Routineaktivität neutral

1.2.2 Differenzial- und Komorbiditätsdiagnostik bei Kopfschmerzen

Meistens reicht die Diagnose der Kopfschmerzen nicht aus: Komorbidität!

Es wird dem Leser aufgefallen sein, dass alle beschriebenen Kopfschmerzformen in der ICD-10 als *Krankheiten des Nervensystems* betrachtet und im Kapitel G aufgeführt werden. Die psychischen und Verhaltensaspekte von Kopfschmerzen finden hier keine Berücksichtigung. Bei der Differenzialdiagnose von Kopfschmerzen stellt sich für den praktisch arbeitenden Verhaltensmediziner regelhaft die Frage: In welchem Verhältnis stehen die Kopfschmerzen des Patienten zu eventuellen Störungen aus dem F-Kapitel der ICD-10 über psychische und Verhaltensstörungen? Sind sie möglicherweise sogar ausschließlich als psychische oder Verhaltensstörung einzuschätzen?

Die IHS hat dieser Möglichkeit in der zweiten Auflage ihrer Klassifikation von 2003 mit der Einführung der Kategorie 12 (Kopfschmerz zurückzuführen auf psychiatrische Störungen) ein überraschend starkes Gewicht verliehen. Danach sind Kopfschmerzen im Zusammenhang mit psychiatrischen Erkrankungen definitionsgemäß *sekundäre* (!) Kopfschmerzen und sie werden in diesem Sinne immer dann diagnostiziert, wenn ein Kopfschmerz ausschließlich im Zusammenhang mit einer psychiatrischen Störung auftritt oder sich bei deren Auftreten verschlechtert. Als psychiatrische Störungen, bei denen dies der Fall sein kann, werden explizit genannt: Somatisierungsstörung, psychotische Störung und (im Anhang) Major Depression, Panikstörung, generalisierte Angststörung, undifferenzierte somatoforme Störung, soziale Phobie, emotionale Störung mit Trennungsangst und posttraumatische Belastungsstörung. Wenn der Kopfschmerz ausschließlich im Rahmen einer der genannten psychiatrischen Störungen auftritt, sollte er selbst dann der Kategorie 12 zugeordnet und dort kodiert werden, „wenn der Kopfschmerz das klinische Bild einer Migräne, eines Kopfschmerzes vom Spannungstyp oder eines Clusterkopfschmerzes aufweist“ (S. 635). Man würde hier also nicht Migräne etc. zusätzlich verschlüsseln, auch wenn deren Kriterien erfüllt sind! Wenn sich ein vorbestehender Kopfschmerz im Rahmen einer psychiatrischen Störung verschlechtert, sollte der vorbestehende Kopfschmerz und – optional – Kategorie 12.x zusätzlich kodiert werden. Endgültig lässt sich die Kategorie 12 erst dann kodieren, wenn nach Abklingen der psychiatrischen Störung der Kopfschmerz verschwindet bzw. schwächer wird. Bis zu diesem Zeitpunkt handelt es sich um „Kopfschmerzen *wahrscheinlich* zurückzuführen auf eine psychiatrische Störung“.

Bei der *Einordnung von Kopfschmerzen* empfehlen wir, sich an folgenden Regeln zu orientieren:

Regel 1: Prüfe (bzw. lasse prüfen), ob der Kopfschmerz sekundär ist, d. h. *ausschließlich* im Rahmen einer Erkrankung der IHS-Kategorien 5 bis 12 auftritt. *Wenn ja:* Kodiere diese Erkrankung und nur diese – auch dann, wenn die Erkrankung eine psychiatrische (Kapitel F der ICD-10) ist. In diesem Fall kann man den Kopfschmerz in die Deskription der Erkrankung aufnehmen (z. B. „depressive Episode mit Antriebslosigkeit, Schlafstörungen und Kopfschmerzen vom Phänotypus eines KST als Leitsymptomen") *Wenn nein (wenn der Kopfschmerz schon vor der Störung vorlag oder später hinzukam)*, gilt:

Regel 2: Prüfe, welche primäre Kopfschmerzform (IHS-Kategorien 1 bis 4) vorliegt, und kodiere diese. Per definitionem muss eine primäre Kopfschmerzform vorliegen, wenn sekundäre Kopfschmerzen ausgeschlossen wurden. Wenn der fragliche Kopfschmerz nicht die Kriterien einer spezifischen primären Kopfschmerzart erfüllt, wird er sinnvollerweise einer „Restkategorie" (G 43.9 oder G 44.8) zugeschlagen.

Regel 3: Prüfe, ob an diesen primären Kopfschmerzen „psychologische oder Verhaltensfaktoren" beteiligt sind. *Wenn ja:* kodiere F 54. (Die Väter und Mütter der ICD-10 haben entschieden, dass F 54 nicht im Verbund mit KST verwendet werden darf. Diese Vorschrift ist so unsinnig, dass wir empfehlen, sie zu ignorieren!)

Hinsichtlich der anhaltenden somatoformen Schmerzstörung stoßen wir auf eine besondere Situation. Nach der ICD sollte, wenn Kopfschmerzen die Kriterien einer Migräne oder eines KST erfüllen, die Diagnose F 45.4 (somatoforme Schmerzstörung) *nicht* gestellt werden, da, so die Argumentation, diesen Schmerzen ein bekannter oder vermuteter (psycho-)physiologischer Mechanismus der Gefäß- bzw. Muskelaktivität zugrunde liege.

Regel 4: Erfüllt ein Kopfschmerz die Kriterien einer Migräne, eines KST oder eines Clusterkopfschmerzes, so sollten die ihm gegebenenfalls beteiligten psychischen Faktoren *nicht* in die Diagnose einer anhaltenden somatoformen Schmerzstörung (F 45.4) gefasst werden.

Beim Kopfschmerz bei Übergebrauch von Analgetika kann man nahezu automatisch auch *Medikamentenabusus* als Diagnose vergeben. Analgetikaabusus hat den Kode F 55.2 (nicht psychotrope Analgetika wie ASS, Paracetamol, Phenacetin). Analgetikaabhängigkeit ist als Diagnose nicht vorgesehen. Was aber tun, wenn der Patient analgetische Kombinationspräparate einwirft, die psychotrope Substanzen enthalten? Manche Kopfschmerztabletten enthalten neben Paracetamol oder ASS bis zu 30 mg

Codein(phosphat). Bei regelmäßiger hochdosierter Anwendung, wie sie bei Kopfschmerzpatienten durchaus vorkommt, ist also auch eine Opiodabhängigkeit (F 11.2) als Diagnose in Erwägung zu ziehen. F 11.2 ist natürlich auch zu vergeben, wenn Kopfschmerz bei Übergebrauch von anderen Opioiden vorliegt.

Einige Fragen und Anmerkungen zur IHS-Klassifikation und daraus abzuleitende Empfehlungen seien abschließend erlaubt:

1. Die eindeutige Diagnose „Kopfschmerzen zurückzuführen auf eine posttraumatische Belastungsstörung" ist dann schwierig, wenn das zur Störung führende Trauma kein ausschließliches Psychotrauma ist, sondern am traumatischen Geschehen körperliche Einwirkungen beteiligt sind wie bei Folter (bspw. Schläge, Aufhängen, Käfigaufenthalt, elektrische Schläge) oder auch bei Unfällen mit stumpfen Verletzungen. In diesen Fällen kommt auch die Diagnose des posttraumatischen Kopfschmerzes bei Kopfverletzung oder subduralem Hämatom in Frage (selbst wenn wegen Gedächtnisstörung als einem Symptom der posttraumatischen Belastungsstörung (PTBS) Details der Kopfverletzung nicht berichtet werden können) – auch weil die Symptome bei leichten und mittelschweren Kopfverletzungen sich erheblich mit Symptomen der PTBS überlappen (bspw. Konzentrationsstörungen, Schlafstörungen, Gereiztheit, Schwindel). Übrigens wird in der IHS-Klassifikation ausdrücklich darauf hingewiesen, dass der posttraumatische Kopfschmerz nach Kopfverletzung persistieren kann und sein sekundärer Charakter nicht durch die Remission nach einer bestimmten Zeit definiert ist. Dies gilt damit natürlich auch für absichtlich zugefügte Traumata, deren nachfolgende Kopfschmerzen nicht automatisch durch eine (rein psychotherapeutische) Behandlung der PTBS zurückgehen müssen. Da die Autoren der IHS offenbar an solche Fälle nicht gedacht haben, empfehlen wir hier die Vergabe beider Diagnosen.
2. In der ICD-10 existiert keine Kategorie, die der IHS-Kategorie 12 entspricht. Streng genommen darf man also einen Kopfschmerz vom Phänotypus einer Migräne oder eines Kopfschmerzes vom Spannungstyp, ja sogar eines Clusterkopfschmerzes, der ausschließlich im Rahmen einer depressiven Episode, einer Somatisierungsstörung usw. auftritt, in der ICD-10 überhaupt nicht kodieren. Für den Kliniker in manchen Fällen eine gut nachvollziehbare Lösung – z. B. bei Kopfschmerz vom Phänotypus eines chronischen KST ausschließlich im Rahmen einer depressiven Episode –, in anderen Fällen sehr befremdlich – z. B. bei Clusterkopfschmerz ausschließlich im Rahmen einer sozialen Phobie. Wir können uns allerdings damit trösten, dass der letzte Fall in der Realität wahrscheinlich nicht vorkommt – und dass „vorbestehende" (vor Beginn der psychiatrischen Erkrankung bestehende) primäre Kopfschmerzen, sofern sie die jeweiligen Kriterien erfüllen, ja im Kapitel G untergebracht werden können.

3. Die von der IHS aufgestellte Liste psychiatrischer Erkrankungen, in deren Rahmen Kopfschmerzen ausschließlich auftreten oder sich verstärken können, ist unvollständig. Nicht erwähnt sind z. B.: anhaltende somatoforme Schmerzstörung, Zwangsstörung, Neurasthenie und bestimmte Persönlichkeitsstörungen (z. B. die anankastische Persönlichkeitsstörung); die Reihe ließe sich fortsetzen. Wie ist bei diesen Störungen zu verfahren? Bei konsequenter Anwendung der IHS-Logik müssten die Regeln 1 bis 3 auch hier Gültigkeit besitzen. Das hieße z. B., dass Kopfschmerz vom klinischen Bild eines KST, wenn ausschließlich im Rahmen einer Neurasthenie oder einer Zwangsstörung auftretend, oder Kopfschmerz vom Phänotypus einer Migräne, der ausschließlich im Rahmen einer anankastischen Persönlichkeitsstörung auftritt, nicht eigens verschlüsselt werden dürfte, sondern in der psychiatrischen Diagnose aufginge – eine weitreichende Änderung bisheriger Gepflogenheiten, zu der wir uns durch die IHS nicht autorisiert fühlen dürfen! Deshalb schlagen wir vor, in all diesen Fällen die psychiatrische Störung zu kodieren, zu prüfen, ob die Kriterien einer primären Kopfschmerzform erfüllt sind, und, wenn ja, auch diese wie üblich in Kapitel G zu verschlüsseln. Wenn die Kopfschmerzen schon vor der psychiatrischen Störung bestanden und durch psychische oder Verhaltensfaktoren moderiert wurden, gilt die Regel 3 und F 54 wird vergeben.
4. Jeder erfahrene Psychiater oder Psychotherapeut weiß, dass bei den psychiatrischen Störungen, auf die nach der IHS Kopfschmerzen zurückgeführt werden können, Anfang und Ende nicht immer präzise anzugeben sind, unter anderem deswegen, weil die definierenden Symptome nicht alle gleichzeitig auftreten bzw. remittieren. Die depressive Episode kann sich mit Kopfschmerzen vom Phänotypus eines KST ankündigen und erst ein halbes Jahr später auch in affektiven Symptomen zeigen – oder war es doch ein „echter“ Kopfschmerz von Spannungstyp? Der depressive Affekt kann bereits bestehen, und Kopfschmerzen vom Phänotypus eines KST treten allmählich hinzu, so dass man sich auch fragen könnte, ob es sich um einen primären KST handelt, der durch die Depression als Stressor ausgelöst wurde. Auf Grund dieser Unsicherheiten empfehlen wir, in solchen Fällen den Kopfschmerz als primären Kopfschmerz mit der entsprechenden Psychopathologie und Pathophysiologie zu betrachten, ihn als solchen zu verschlüsseln und zusätzlich die psychiatrische Diagnose zu vergeben.
5. Was ist ein Kopfschmerz, der *„das klinische Bild* einer Migräne, eines Kopfschmerzes vom Spannungstyp oder eines Clusterkopfschmerzes aufweist“? Etwas anderes (weniger?) als ein Kopfschmerz, der die *Kriterien* einer Migräne, eines Kopfschmerzes vom Spannungstyp oder eines Clusterkopfschmerzes erfüllt? Sind im Falle der Kopplung solcher Kopfschmerzen an eine psychiatrische Störung andere physiologisch-biochemische Gesetzmäßigkeiten am Werk, die „das klinische Bild“ der primären Kopfschmerzformen nur vorgaukeln?

1.3 Epidemiologie

Kopfschmerzen sind eine sehr häufige Erkrankung

Obwohl in der Forschungsgeschichte oft untersucht, gibt es – weil die IHS-Kriterien erst seit 1988 verbindlich sind – nur wenige brauchbare epidemiologische Studien. Die maßgebliche Studie für den deutschen Sprachraum haben Göbel et al. (1993) vorgelegt, die eine repräsentative Stichprobe von N = 5000 Personen nach IHS-Standards befragten. Bezogen auf die zurückgeschickten Fragebögen (Rücklaufquote: 81,2 %) leiden 71,4 % der Personen zumindest zeitweise an Kopfschmerzen; 27,5 % leiden an Migräne, 38,3 % an Kopfschmerzen vom Spannungstyp, 5,6 % lassen sich nicht eindeutig zuordnen. Die Schmerzintensität wird bei der Migräne als stärker beschrieben als bei Kopfschmerzen vom Spannungstyp.

Von den Migränepatienten leiden über 70 % unter Migräne ohne Aura, ca. 10 % unter Migräne mit typischer Aura und knapp 20 % unter einer der weiteren Migräneformen bzw. migräneartigen Störungen, die die Kriterien einer Form der Migräne nicht voll erfüllen. Die Prävalenzrate der Migräne liegt bei Frauen höher als bei Männern (32 % zu 22 %). Bei Kopfschmerzen vom Spannungstyp dagegen ist hinsichtlich der Prävalenz kein Unterschied zwischen Frauen und Männern zu finden (36 % zu 34 % bei episodischen, 3 % zu 2 % beim chronischen Kopfschmerz vom Spannungstyp).

Kopfschmerzen bei Kindern weisen ein hohes Chronifizierungsrisiko auf

Wenn Migräne bereits in der Kindheit auftritt, ist sie für 60 % dieser Patienten auch im Erwachsenenalter ein Problem. Im Übrigen tritt Migräne bei Kindern in den vergangenen Jahrzehnten auffällig häufiger auf. Im Vorschulalter klagen etwa 10 bis 20 % der Kinder über Kopfschmerzen. Bis zur Jugendzeit haben fast alle Kinder hin und wieder Kopfschmerzen erlebt. Große epidemiologische Studien an Kindern erkannten 60 % als Kopfschmerzen vom Spannungstyp und 12 % als Migräneformen; etwa 30 % der kindlichen Kopfschmerzen sind nicht eindeutig klassifizierbar. Der Leidensdruck bei Mädchen steigt dabei schon vor der Pubertät deutlicher als bei Jungen an. Kindliche Kopfschmerzen können erst sicher zugeordnet werden, wenn der beobachtete Verlauf mindestens ein halbes Jahr andauert. Zu beachten ist bei der Migräne, dass im Gegensatz zu den Erwachsenen auch kürzere Anfälle dann berücksichtigt werden, wenn das Kind dabei einschläft und nach wenigstens 4 Stunden kopfschmerzfrei erwacht. Im Kleinkindalter treten sog. Migränevorläufer in Form von rezidivierendem Erbrechen (ohne Infektzusammenhang) oder eines paroxysmalen Schwindels auf, die in der Folgezeit in eines typische Migräne übergehen können.

Folgt man den Zusammenfassungen der epidemiologischen Literatur (Basler et al., 1999), so ergeben sich weitere Details: Migräne wird mit zunehmendem Alter deutlich seltener. Episodischer Kopfschmerz vom Spannungstyp scheint weitgehend altersunabhängig zu sein, chronischer Kopfschmerz vom Spannungstyp tritt mit dem Alter eher häufiger auf. Bei Vorliegen komorbider psychiatrischer Störungen bleiben Kopfschmerzen bestehen oder nehmen zu. So sind zum Beispiel Angststörungen und Depressivität Prädiktoren für das Fortbestehen von Kopfschmerzen, die in der Jugend begonnen haben, auch im Erwachsenenalter.

Viele Menschen mit Kopfschmerzen sind nicht in ärztlicher Behandlung

Nur 20 % der Personen mit Kopfschmerzen gehen zum Arzt. Dabei sind die von stärkeren Schmerzen Betroffenen, also v. a. die Migräniker, eher zum Arztbesuch bereit: 32 % der in einer neurologischen Universitätsklinik ambulant und stationär konsekutiv behandelten Patienten sind nach IHS-Kriterien Migräniker, im Gegensatz zu 25 % der Patienten mit KST. Auch andere Autoren (Holroyd et al., 2000) fanden eine vergleichbar stark ausgeprägte *Arztscheu* von Personen mit KST. Dies impliziert aber keineswegs dessen sozialmedizinische Unerheblichkeit. Episodischer KST beeinträchtigt bei 44 % der Befragten merklich die Effektivität bei der Arbeit, in der Schule und zu Hause, auch wenn er nicht so oft (bei 8 %) und lange (bei den Betroffenen durchschnittlich 9 Tage im Jahr) zu Fehlzeiten bei der Arbeit führt. Chronischer KST ist mit stark reduzierter Effektivität und langen Fehlzeiten (durchschnittlich 27 Tage im Jahr) verbunden. Diese Zahlen unterschätzen allerdings eher noch das hohe Ausmaß der subjektiven Beeinträchtigung von Personen vor allem mit chronischem KST. Es wird in diesem Zusammenhang deutlich, dass eine Kopfschmerzerkrankung – wie die meisten anderen Störungen auch – nicht hinreichend durch Intensität und Dauer der Schmerzen zu charakterisieren ist. Therapeutisch und sozialmedizinisch wichtiger wird in Zukunft ihre Kennzeichnung durch ihren *impact* sein, der auf zumindest drei weitgehend voneinander unabhängigen Dimensionen beschrieben werden kann: Schmerzdichte (Schmerzintensität x Schmerzdauer), Grad des affektiven Leidens und Ausmaß der Aktivitäts- und Partizipationsstörungen (siehe auch Kapitel 3.3).

2 Störungstheorien und Modelle

Wie kann man die Kopfschmerzen von Frau D. erklären?

Kopfschmerzen vom Spannungstyp: Das Störungsmodell bei Frau D.
Als ursächliche Faktoren für Verspannungen können psychosozialer Stress in Form tatsächlicher Überlastung und Schlafstörungen identifiziert werden. Weiterhin sind Vorstellungen und Gedanken Auslöser von muskulärer Hyperaktivität und darauf folgenden Kopfschmerzen.

Die Anamnese ergibt, dass die aktuelle Zunahme der Kopfschmerzen auf die Antizipation weiterer Verpflichtungen durch die erwartete Mutterschaft zurückgeführt werden kann. Obwohl Frau D. sich sehr auf ihr Kind freut, verspannt sie sich bei Gedanken an die neue Aufgabe, da sie gleichzeitig unsicher ist, ob sie dem Kind gerecht werden kann. Sie erlebt ihre Kopfschmerzen als im Wesentlichen psychisch bedingt. Im verhaltensanalytischen Gespräch und durch Tagebuchaufzeichnungen kann die Vorstellung, allem verpflichtet zu sein und alles recht machen zu wollen, als Auslöser für Verspannungen und Kopfschmerzen identifiziert werden. Der von ihr deutlich empfundene, wenn auch weitgehend von ihr selbst erzeugte Leistungsdruck führt außerdem zu körperlicher Erregung und psychischer Gespanntheit, mit der sie auch sonst ihre Aufgaben zu erledigen pflegt. Im Verhalten zeigt sich das beispielsweise an schnellem Sprechen; sie wirkt dann wie unter Dampf stehend. Die eheliche Situation ist durch ein großes Harmoniebedürfnis der Patientin geprägt. Da ihr Mann beruflich sehr eingespannt ist, fühlt sie sich verpflichtet, die Ehe und zukünftig auch das Familienleben harmonisch zu gestalten.

Die lerntheoretischen Annahmen lassen sich an der Krankengeschichte von Frau D. illustrieren. Einerseits können die Kopfschmerzen betrachtet werden als physiologisch erklärliche Folge klassisch-konditionierter dysfunktionaler Muskelspannung. Die dysfunktionale Muskelspannung ist die konditionierte Reaktion, die an die Vorstellung einer notwendigen Leistung assoziiert ist, denn mentale Anstrengung ist ein Reiz, der häufig für sich genommen im Sinne einer unkonditionierten Reaktion zu muskulärer Anspannung führt. Reizgeneralisierung auf verschiedene leistungsnahe Kognitionen hat vermutlich stattgefunden. Ursprünglich war die vermehrte Anstrengung durch übertragene Verantwortung im elterlichen landwirtschaftlichen Betrieb notwendig gewesen.

Die Konditionierung von dysfunktionaler Muskelspannung könnte operant auch über die starke emotionale Selbstkontrolle oder gar Gehemmtheit erfolgen, indem die muskuläre Aktivität, mit der die Patientin ihre Gefühle unterdrückt, verstärkt wird, weil auf diese Weise die angestrebte Harmonie in Ehe und Familie aufrechterhalten werden kann.

Die Unterdrückung der Gefühle selbst kann auch operant gelernt sein, insofern durch sie Konflikte vermieden oder das Einhalten selbst auferlegter Standards der Harmonie möglich werden.

Neben der Konditionierung dysfunktionaler Muskelaktivität spielt möglicherweise auch die operante Konditionierung des Schmerzverhaltens selbst eine gewisse Rolle, weil die Kopfschmerzen der Patientin erlauben, sich gelegentlich aus allzu großen Belastungen durch Familie, Beruf und Ehe zurückzuziehen.

2.1 Psychobiologische Annahmen zum Kopfschmerz

Ausgehend von einigen psychologischen Gemeinsamkeiten in den ätiologischen Annahmen wird in diesem Kapitel die Psychobiologie von Migräne, Kopfschmerzen vom Spannungstyp und von Kopfschmerz bei Medikamentenübergebrauch beschrieben.

2.1.1 Psychodynamische Annahmen

Konversion und andere psychodynamische Überlegungen

Eine psychologische Annahme zum Kopfschmerz wurzelt in *psychodynamischen Auffassungen*, wonach an der Entstehung chronischer Schmerzen drei psychische Mechanismen beteiligt sind (Hoffmann & Egle, 1999): 1. Der Schmerz kann in einer existenziellen Krise mit Bedrohung des Selbstwertgefühls eine *psychoprothetische* Funktion einnehmen. 2. Der Schmerz kann einen intrapsychischen Konflikt körpersprachlich symbolisieren/ausdrücken. Seelischer Schmerz wird in körperlichen Schmerz konvertiert. Der *Konversion* können unterschiedliche Motive zu Grunde liegen: In manchen Fällen verschafft sie Entlastung von Schuldgefühlen; in anderen wird durch das körperliche Leiden gleichzeitig eine Sühneleistung erbracht; möglicherweise ist aber auch der Schmerz Ausdruck gehemmter aggressiver Impulse, deren Nichtwahrnehmung Gewissenskonflikte erspart. 3. Der Schmerz kann Folge von nicht abgebauten/gehemmten vegetativen Spannungszuständen sein, die als „Äquivalente“ von Affekten auftreten, wobei die Affekte nicht als solche wahrgenommen werden (zur Psychobiologie dieser Phänomene siehe auch Traue, 1998). Schmerz ist in diesem Fall eine Störung im Sinne einer *vegetativen Neurose*.

Nach Franz Alexander (1950) beruht der konversionsneurotische Kopfschmerz, die zweite postulierte Variante des psychodynamischen Konzeptes auf einem *Vorgang in den höheren sensiblen Zentren des Gehirns*, bei dem *keine lokalen Veränderungen* zu beobachten sind. Nach der IHS-Klassifikation würde er also wahrscheinlich als Spannungskopfschmerz ohne Störung der perikranialen Muskulatur diagnostiziert. Da die Migräne mit der Dilatation der kranialen Gefäße – also mit peripheren Veränderungen – einhergeht, ist sie vom Konversionskopfschmerz abzugrenzen. Konsequent ordnet Alexander die Migräne den vegetativen Neurosen zu. Er konzipiert Migräne als Folge eines zu Beginn der vegetativen Vorbereitung gehemmten aggressiven Aktes, der mit einer erhöhten Blutzufuhr zum Gehirn bei gleichzeitiger Blockierung der Muskelaktion einhergeht. Diesem Konzept liegt ebenfalls ein Konfliktmodell zu Grunde; der Konflikt besteht in dem aggressiven Akt und gegenläufigen Impulsen, die den Akt hemmen.

Nach psychoanalytischen Studien charakterisiert die biografische Entwicklung von Personen mit Migräne in der frühen Kindheit eine affektive Mangelkonstellation, die durch mütterliche Kühle, Zwanghaftigkeit und Härte bedingt ist. Bei den Müttern der Migräniker fanden sich vermehrt trieb- und sexualfeindliche Strebungen, bei den Vätern Weichheit und Nachgiebigkeit, insgesamt eine eher verwöhnende Haltung gegenüber den Patienten. Die Migräniker übernehmen sehr hohe Leistungsideale von ihren Eltern in Form einer positiven Identifikation. Dies trägt dazu bei, ihre starke Erfolgsorientiertheit zu erklären. Die psychoanalytische Forschung hat dem Spannungskopfschmerz kaum Aufmerksamkeit geschenkt.

2.1.2 Psychische Dispositionen für Kopfschmerz

Psychoanalytisch orientierte Therapeuten haben auf der Basis therapeutischer Erfahrung mit Überzeugung das Konzept einer Kopfschmerzpersönlichkeit vertreten, wonach Migränepatienten ehrgeizig, erfolgsorientiert, überordentlich, perfektionistisch, ausdauernd, leicht irritier- und kränkbar sein sollen, ihre sozialen Beziehungen eher unpersönlich gestalten und sexuell gehemmt sind. Behauptet werden ebenfalls Passivität und geringe Frustrationstoleranz. Diese Persönlichkeitszüge sind als *typus migraenicus* zusammen gefasst worden. Feindseligkeit, Abhängigkeit, Depressivität und eine Häufung psychosozialer Konflikte sollen dagegen KST-Patienten kennzeichnen.

typus migraenicus: fact or fiction?

Gegen die meisten klinischen Studien sollte man einwenden, dass erstens die Beobachtungen aus der stark selektierten Gruppe von Patienten stammen, die den Arzt aufsuchen, und zweitens retrospektiv sind, so dass unklar bleibt, ob die Persönlichkeitszüge nicht als Folge des Schmerzleidens auftraten (Kröner-Herwig, 1999). Außerdem gilt die Kritik seit längerem schon dem Begriff der Persönlichkeit oder des Typus, sofern damit zeitstabile und situationsübergreifende Eigenschaften gemeint sind, die einer Gruppe von Menschen mit einer Störung (hier: Migräne bzw. KST) *wesenhaft* zukommen. Es ist mittlerweile Standardwissen, dass sich auf dem Hintergrund dieser Konzeption mit ihr entsprechenden empirischen Mitteln (Fragebögen wie MMPI, MPI, FPI) kaum Unterschiede zwischen den *Persönlichkeiten* von Patienten mit Migräne, Patienten mit KST und Vergleichspersonen finden lassen. Andererseits zweifelt niemand daran, dass es individuelle Erlebens- und Verhaltensstile gibt, die in Interaktion mit Situationen störungsrelevant werden können. In diesem Sinne werden psychische Dispositionen heute aber nicht als *Persönlichkeitseigenschaften* konzeptualisiert, sondern eher mit Hilfe von Begriffen wie z. B. des Informationsverarbeitungs- oder Bewältigungsstils in (Stress-)Situationen. Dabei mag sich etwa herausstellen, dass Kopfschmerzpatienten – Migräniker ebenso wie Patienten mit KST – in konkreten Stresssituationen die Belastung eher mit sich selbst abzumachen versuchen und weniger soziale Unterstützung in Anspruch nehmen als gesunde Vergleichspersonen oder im Ausdruck ihrer Emotionen gehemmt sind (Stronks et al., 1999; Traue, 1998). Oder dass Migräniker – ganz in Übereinstimmung mit ihrer Dishabituationstendenz –

eher keine Sensation Seeker sind. Dieses Wissen kann dem Therapeuten in der Verhaltensanalyse ein Anhaltspunkt für seine Fragerichtung sein. Es enthebt ihn jedoch nicht der *idiografischen* Aufgabe, beim jedem einzelnen Patienten störungsrelevante individuelle Erlebens- und Verhaltensstile zu identifizieren.

Auch wenn Merkmale der Persönlichkeit für die Entstehung von Kopfschmerzen nicht relevant sind, können andere psychosoziale Aspekte bedeutungsvoll sein, insbesondere, wenn sie die Entwicklung von Jugendlichen betreffen. Jugendliche mit KST wachsen im Vergleich zu Migränepatienten und schmerzfreien Personen häufiger in Haushalten mit geschiedenen Eltern auf und pflegen weniger Freundschaften. Jugendliche Kopfschmerzpatienten berichten auch von größeren Schulproblemen. Sie sind länger mit den Hausaufgaben beschäftigt, können sich nicht richtig entspannen und fühlen sich nach der Schule erschöpfter als ihre schmerzfreien Schulkameraden (Karwautz et al., 1999).

2.1.3 Kognitiv-behaviorale Annahmen

Gelernte Schmerzmechanismen und Stress

In den siebziger Jahren begann die kognitiv-behaviorale Alternative zu psychodynamischen und frühen persönlichkeitsorientierten Konzepten ihren Siegeszug und machte eine rasante Entwicklung der psychologischen Schmerztherapie möglich. Das *kognitiv-behaviorale Schmerzmodell* gründet im Stressmodell und in lerntheoretischen Annahmen. Wichtig ist dabei die Abgrenzung von Schmerzverhalten und den neurophysiologischen und endokrinen Schmerzmechanismen. Um festzustellen, ob ein Patient Schmerzen empfindet, muss es ein beobachtbares Schmerzverhalten geben. Damit signalisiert ein Patient die Art des Schmerzes, den er empfindet, und er informiert über Intensität, Häufigkeit, Ort und Qualität des Schmerzes. Zusätzlich zu den verbalen Hinweisen kann Schmerzerfahrung nonverbal mitgeteilt werden. Dazu zählen das Grimassen, Seufzer, Stöhnen, Hinken, unnatürliche oder verkrampfte Körperhaltungen, die Verwendung von einem Stock oder Krücken und viele andere Symbole, die in unserer Gesellschaft mit körperlichen Beschwerden und physischen Problemen verbunden sind. Dieses Schmerzverhalten korreliert vor allem bei chronischen Schmerzen nur gering mit den neurophysiologischen Veränderungen, die dem Schmerz zu Grunde liegen, ja es kann weitgehend von diesen unabhängig sein. Insofern ist es sinnvoll, respondente und operante Mechanismen zu identifizieren, die das Schmerzverhalten steuern, denn es ist allen Gesetzen des Lernens und Konditionierens unterworfen. Respondentes Verhalten tritt als eine Reaktion auf einen spezifischen Reiz meistens automatisch auf. Operantes Verhalten kann ebenso wie respondentes Verhalten durch spezifische Stimuli hervorgerufen werden. Aber es unterliegt dem Einfluss von Faktoren, die während und nach der Darbietung des Reizes auftreten, vor allem der Belohnung oder der Vermeidung aversiver Empfindungen (negative Verstärkung). Im Gegensatz zum respondenten Verhalten nehmen operante Verhaltensweisen bei systematischen neutralen oder negativen Konsequenzen (z. B. Löschung oder Bestrafung) ab oder treten seltener auf. Das zentrale Problem operanter Schmerzen ist die Kontrolle durch kontingente Umweltverstärkung.

Typisch für die operante Kontrolle von Schmerzverhalten sind:

- Direkte Verstärkung (Zuwendung, Schmerzensgeld, angenehme Behandlungen wie Massage etc.)
- Negative Verstärkung (Entlastung von unangenehmen Verpflichtungen, Vermeidung von Schmerzen, Schonhaltungen etc.)
- Modelllernen (Schmerztoleranz, Medikamenteneinnahme, Schonung etc.)
- Verstärkermangel für gesundes Verhalten

In das bis hier skizzierte Bild psychobiologischer Gemeinsamkeiten von Migräne und Kopfschmerzen vom Spannungstyp passt auch das eindimensionales Konzept, das Kopfschmerzen nach ihrem Schweregrad ordnet (Bakal, 1982) und das in jüngster Zeit neue Unterstützung findet. Bakals Überlegungen basieren auf dem Diathese-Stress-Modell, das jedoch durch eine Komponente der Krankheitsentwicklung erweitert ist: Kopfschmerzen haben immer eine vaskuläre und eine muskuläre Seite. Am Anfang mag eine Prädisposition zu erhöhter Muskelaktivität im Kopf- oder Nackenbereich das Übergewicht haben. Wenn der Kopfschmerzleidende nicht in der Lage ist, daraus erwachsende Kopfschmerzen zu bewältigen, entstehen schwerere Kopfschmerzen, an denen zunehmend vaskuläre Komponenten beteiligt sind. Mit zunehmender Schwere ändert sich auch strukturell die Disposition zum Kopfschmerz dahingehend, dass sie immer mehr physiologische Systeme involviert. Je schwerer die Kopfschmerzen, desto eher treten sie unabhängig von pychosozialen Stressoren, meist schon morgens auf – das Leiden verselbstständigt sich.

Ostertag et al. (1998) haben eine Studie vorgelegt, in der Migräne- und KST-Patienten ähnlich fehlregulierte vegetative Reaktionen unter verschiedenen körperlichen Tests (Orthostasetest, Atemtest, Valsava etc.) im Vergleich zu Kontrollpersonen aufweisen. Für Gemeinsamkeiten in den Mechanismen der Kopfschmerzformen KST und Migräne ohne Aura sprechen auch die erhöhten visuell evozierten Potenziale bei beiden KS-Formen im Vergleich zu Kontrollpersonen. Eine Unterstützung erfährt das Einheitsmodell durch neuere Pharmastudien, in denen nachgewiesen wurde, dass Triptane bei Formen von KST, die gemeinsam mit Migräne auftreten, wirksam sind, nicht jedoch bei reinen KST-Patienten (Lipton et al., 2000). Dies mag allerdings auch daran liegen, dass Kopfschmerz, der Merkmale des KST aufweist, eine fehldiagnostizierte Migräne ohne Aura sein kann. Die Kopfschmerz-Klassifikation nach den neuen IHS-Kriterien fasst deshalb in einer alternativen Definition im Anhang (A2) Kopfschmerz vom Spannungstyp etwas enger.

2.2 Migräne

Man geht heute davon aus, dass bei Migränikern eine angeborene Bereitschaft vorliegt, in bestimmten Auslösesituationen mit Attacken zu reagieren. Dass diese Bereitschaft genetisch mitbedingt ist, belegt u. a. die familiäre Häufung des Leidens.

Wenn bei Menschen mit angeborener Reaktionsbereitschaft ein Auslöser wirksam ist, wird die sogenannte Migräneschwelle überschritten, und es kommt zu einer Störung der Hirnaktivität, d. h., es läuft eine Kette von physiologischen und biochemischen Reaktionen ab, die von außen nur schwer zu beeinflussen ist.

Aber auch das ist eine Erfahrung des Migränikers: Im Vorfeld kann er durch gezielte Verhaltensweisen – an die frische Luft gehen, sich entspannen – den einen oder anderen Anfall noch aufhalten. Ist der Anfall aber erst einmal in Gang gekommen, dann läuft er unerbittlich und konsequent bis zum Ende ab. Heute ist bekannt, wie dieser Ablauf von physiologischen und biochemischen Vorgängen beim Migräneanfall zustande kommt und wie man ihn beeinflussen kann. Dieses Wissen hat unmittelbaren Eingang in die Entwicklung der neueren Migränemedikamente gefunden.

Auf der einen Seite sind es Störungen der Gehirnaktivität selbst, die einen Teil des Migräneschmerzes ausmachen. Wichtiger zur Erklärung der Schmerzen sind aber die Störungen der Gefäßaktivität. Es kommt an den Kopfgefäßen vorübergehend zu entzündlichen Vorgängen, was die pochende Qualität der Schmerzen verständlich werden lässt.

2.2.1 Pathopsychologie der Migräne

Das Geheimnis der Migräneschwelle: Migränepatienten leiden unter Reizüberempfindlichkeit

In verschiedenen Untersuchungen hat sich gezeigt, dass Migränepatienten Auffälligkeiten in der Informationsverarbeitung, insbesondere im Habituationsverhalten aufweisen, d. h. sie befinden sich bei der Verarbeitung situativer Informationen in einem Zustand mentaler Übererregung. Diese Reizüberempfindlichkeit (Dishabituation) ist offenbar angeboren und korrespondiert mit einem angeborenen neuronalen mitochondrialen Defizit an Energiereserven (Montagna, 1995). Diese beiden Dispositionen können das auffällige Verhalten von Kindern mit Migräne erklären: ihre Hyperaktivität, Hypersensibilität, Stimmungslabilität und Schlafstörungen. Da Eltern nicht selten mit Strafen auf ein derartiges Verhalten reagieren, verschärft sich das Problem im Verlauf der Sozialisation. Neuronal betrachtet fungiert der Migräneanfall sozusagen *als produktive Maßnahme zum Schutz des*

Gehirns (Gerber & Schoenen, 1998). Das manchmal sehr auffällige Verhalten von Migränikern kurz vor dem Anfall – Stressexposition, Heißhungeranfälle – ist als kortikale Selbststimulation zur Herbeiführung des Anfalls zu interpretieren und wird dadurch negativ verstärkt. Obwohl einige Befunde für dieses ätiologische Modell sprechen, kann nicht ausgeschlossen werden, dass die beobachtete Dishabituation eine Folge von Chronifizierungsprozessen ist, denn auch Patienten mit täglichem Dauerkopfschmerz habituieren langsamer als schmerzfreie Personen.

2.2.2 Auslöser von Migräne

Für Migräneattacken gibt es vielfältige Auslöser

In klinischen Studien werden externe (z. B. Lichtblitze, Bestandteile des Essens) und interne (z. B. hormonelle Veränderungen, Hektik) Auslöser beschrieben. Hormonelle Veränderungen bei Frauen werden häufig mit Migräneanfällen in Verbindung gebracht, da Migräneanfälle gehäuft kurz vor der Menstruation auftreten oder durch Kontrazeptiva ausgelöst werden. 60 bis 80 % der Patientinnen geben eine deutliche vorübergehende Besserung ihres Leidens während der Schwangerschaft an, während sich das Leiden im Klimakterium sowohl verbessern als auch verschlimmern kann.

Bei den ernährungsbedingten (alimentären) Auslösern werden sowohl bestimmte Lebensmittel (Rotwein, Schokolade, Käse, Weizen, Orangen, Eier und Milch) als auch einzelne chemische Substanzen in diesen Lebensmitteln wie z. B. Tyramin (enthalten in Rotwein, Schokolade und bestimmten Käsesorten), Alkohol, Koffein (wenn entzogen) und Histamin als Auslöser von Migräneattacken in Betracht gezogen. Eine Beurteilung der Faktenlage ist schwierig. Zum Beispiel löst Tyramin bei experimenteller Applikation über einen nasogastrischen Schlauch bei Migränikern keine Kopfschmerzanfälle aus. Vielleicht wird Schokolade fälschlicherweise für einen Auslöser gehalten, weil Heißhunger auf Schokolade oft ein Prodrom der Migräne ist. Weder Tyramin noch Alkohol sind die Urheber für die tatsächlich erhöhte Wahrscheinlichkeit von Migräne nach Rotweingenuss.

Auf Biorhythmen achten

Zwar ist in der Gesamtgruppe der Migräniker die Auftretenswahrscheinlichkeit von Attacken am Wochenende nicht erhöht, aber deutlich gehäuft sind Wochenendmigränen bei starken Kaffeetrinkern, die am Wochenende lange ausschlafen. Das spricht dafür, dass ein veränderter Biorhythmus, wenn er durch Substanzen wie Koffein beeinflusst ist, zum Auslöser werden kann.

Für die immer wieder von Patienten und in der klinischen Literatur aufgeführten physikalischen Auslöser, nämlich: körperliche Belastungen (z. B. bei Männern Migräne auf Grund von Koitus), optische Reize (grelles Licht, Lichtblitze), Schlaf und Schlafentzug, kurzfristige Veränderungen der bioklimatischen Verhältnisse (insbesondere Föhn) und bestimmte Jahreszeiten (Frühjahr und Herbst) sind die empirischen Belege dürftig, was nicht heißt, dass man sie im individuellen Fall als Auslöser ausschließen kann. Von praktischer Relevanz bleiben sie in jedem Fall, weil viele Patienten an ihren

Einfluss glauben und der Therapeut sich mit diesen Laienkonzepten auseinandersetzen muss, wenn er einen Zugang zum Patienten finden will. Wenn allerdings die Kopfschmerzen nicht die Merkmale einer Migräne aufweisen, aber während sexueller Handlungen auftreten, kann es sich auch um primären Kopfschmerz bei sexueller Aktivität handeln.

Stress als Auslöser

Befragt nach den Umständen der ersten Attacke geben jeweils ein Drittel der Patienten physikalische, psychische bzw. sowohl physikalische als auch psychische Auslöser an. Der Zusammenhang zwischen psychischen Auslösern und Migräne wird meist mit der Stresstheorie erklärt. Dabei sind Migräniker im Alltag empirischen Studien zufolge keineswegs mehr Stressereignissen oder mehr kritischen Lebensereignissen ausgesetzt als schmerzfreie Personen. Migräniker neigen allerdings dazu, Stresssituationen als bedrohlich einzuschätzen und Copingstrategien einzusetzen, die nicht geeignet sind, Stress abzubauen: übermäßige gedankliche Weiterbeschäftigung, Resignation und Depression, soziale Abkapselung und andere Vermeidungsstrategien (Stronks et al., 1999).

Gestörte Autoregulation und labiles Gleichgewicht

Wenn nun nicht das Ausmaß an Belastungen für den Migräneschmerz verantwortlich gemacht werden kann, könnten psychophysiologische Dispositionen für Migräne für den Schmerz relevant sein. Auch im anfallsfreien Zeitraum weisen Patienten mit Migräne physiologisch-biochemische Auffälligkeiten auf. Die Migräneschwelle – die Schwelle, die überschritten werden muss, damit es zum Anfall kommt –, liegt beim Migräniker von vornherein niedriger, weil die zerebrale Autoregulation sich in einer Art labilem Gleichgewicht befindet, das im Anfall dekompensiert (Siniatchkin et al., 1999). Was spricht dafür?

- Migräniker haben eine Prädisposition zu überstarken Reaktionen im visuellen Kortex.
- Sie habituieren weniger als Vergleichspersonen auf Reize, sind also übermäßig reizempfindlich.
- Bei Migränikern ist der regionale zerebrale Blutfluss (rCBF) posterior und asymmetrisch – in Übereinstimmung mit der im Anfall betroffenen Seite – erniedrigt. Dadurch ist der Kortex anfälliger für neuronale Dysfunktionen.
- Bei Migränikern finden sich Anzeichen für eine erhöhte zentrale und periphere noradrenerge Aktivität. Die Sensitivität kranialer Vasorezeptoren ist gesteigert. Dies spricht für eine sympathikotone Erregungslage (beispielsweise subjektives Klagen der Patienten über kalte Hände und Füße).
- Schließlich gibt es bei Migränikern zahlreiche Hinweise für Instabilitäten des Serotonin-Systems.

2.2.3 Pathophysiologie der Migräne

Die Migräne galt lange Zeit als eine Störung des vasomotorischen Systems der Blutgefäße des Gehirns, bei dem durch die funktionelle Verengung ein zerebraler Sauerstoffmangel (Hypoxie) entsteht, der für die Aurasymptome

Die Pathophysiologie der Migräne ist sehr komplex und noch nicht endgültig aufgeklärt

der Migräne verantwortlich ist und reaktiv eine Vasodilatation der intra- und extrakranialen Gefäße bewirkt, die dann zu dem Migräneschmerz führt. Nach zwanzig Jahren intensiver Forschung kann man ergänzend zusammenfassen, dass im Vorfeld der Schmerzphase – bei der klassischen Migräne in der Auraphase – überwiegend Hinweise für eine Minderperfusion (Perfusion = Durchströmung) intrakranialer Gefäße und in der Schmerzphase Hinweise für Hyperperfusion extra- und intrakranialer Gefäße vorliegen, wobei vor allem der Hyperperfusion von Hirnstammstrukturen (Nucleus dorsalis raphe, Locus coeruleus) eine zentrale Bedeutung zukommen dürfte.

Heute sieht man in der Migräne allerdings in erster Linie eine *reversible Hirnfunktionsstörung auf Grund neuronaler Überaktivität,* bei der das gesamte Gehirn betroffen ist, allerdings mit fokalen Manifestationen. An dieser Hirnfunktionsstörung können die folgenden interagierenden Prozesse und Systeme wesentlich beteiligt sein (siehe die Karte zu Migräne im Anhang des Buches und für die detaillierte Originalliteratur Bischoff et al., 2003):

Minderperfusion, neuronale Depression und Kalium-Konzentration. Während der Aura der klassischen Migräne wird eine Sauerstoffreduktion (Hypoämie) in Form einer fokalen Reduktion des Blutflusses der Arteriolen im visuellen Kortex beobachtet, die sich allmählich ausbreitet und die gesamte Hemisphäre einschließt (spreading oligemia). Die Dauer der Aurasymptome lässt eher einen neurogenen Ursprung vermuten als ein vaskuläres Geschehen, eine neuronale Aktivitätsminderung (neuronale Depression) also, die in unterschiedlichen Tiefen des Kortex ablaufen kann. Wahrscheinlich sind Minderperfusion und neuronale Depression durch Kalium in einem Teufelskreis verbunden. Eine erhöhte Kaliumkonzentration in der Extrazellulärflüssigkeit führt zu lokaler Depolarisation der Neurone mit weiterer Ausschüttung von Kalium und zu Vasokonstriktion, wodurch der Abtransport von Kalium erschwert ist. Durch Diffusion und aktiv über die Neuroglia breitet sich Kalium aus und hält den Teufelskreis in Gang.

Noradrenerges System. Eine wesentliche Rolle für den zerebralen Blutfluss spielt der locus coeruleus mit seinen Verbindungen zum limbischen System, zum Hypothalamus und Thalamus – Verbindungen, die den l. coeruleus bei Stress noradrenerg im Sinne einer Bereitstellungsreaktion aktivieren. Im Gehirn heißt das: Vasokonstriktion der großen Gefäße. Die Bedeutung des Noradrenalin-Systems wird unterstrichen durch die Tatsache, dass Migräniker auch im schmerzfreien Intervall sympathikoton übererregt sind und über diesen Weg Beta-Blocker in der Intervallbehandlung wirksam werden.

Serotonin-System. Serotonin ist ein vasoaktiver und algetischer Neurotransmitter, der bei der Migräne in mehreren Funktionen relevant ist. Ausschüttung von Serotonin aus den Raphe-Kernen stimuliert die Schmerzafferenzen der zerebralen Gefäßwände und kann damit als ein Trigger für die Aktivität des trigemino-vaskulären Reflexes gelten. Die Raphe-Kerne ihrerseits stehen unter dem Einfluss von limbischem System und Hypothalamus. Dies könnte der Weg sein, auf dem psychische Faktoren in das Geschehen eingreifen.

Kein anderer Befund der Migräneforschung ist so gesichert wie der Anstieg des peripheren Serotonin-Spiegels im Blutplasma während der Auraphase und sein Abfall unter das Normalniveau während der Schmerzphase. Das meiste periphere Serotonin ist in den Blutplättchen gespeichert und wird u. a. auf Grund der Einwirkung von Stresshormonen, der Katecholamine, freigesetzt. Auch diätetische und hormonelle Faktoren bei der Frau scheinen auf die Entleerung des Thrombozytenserotonin-Speichers Einfluss nehmen zu können. Außerdem wird unter Bedingungen zerebraler Ischämie aus den Blutplättchen vermehrt Serotonin ausgeschieden. Die Richtung der vasoaktiven Wirkung von peripherem Serotonin ist hauptsächlich abhängig von seiner Dosis, vom Wirkungsort und vom präexistenten Gefäßtonus – und damit vom noradrenergen System. Die differenzielle Wirksamkeit von Serotonin könnte eine Ursache für die unterschiedlichen Perfusionsbefunde in der Schmerzphase sein.

2.3 Kopfschmerzen vom Spannungstyp (KST)

Erlebens- und Verhaltensstile stehen im Zusammenhang mit Kopfschmerzen

Obwohl Spannungskopfschmerzen die häufigste Form von Kopfschmerzen sind, ist die Entstehung dieser Schmerzform wissenschaftlich noch nicht restlos aufgeklärt. Man geht davon aus, dass Spannungskopfschmerzen verschiedene Ursachen haben können. So kann man feststellen, dass Spannungskopfschmerzen häufig im Zusammenhang mit Stress, aber auch bei Überlastungen der Muskulatur durch langandauernde und einseitige körperliche Beanspruchung (z. B. am Arbeitsplatz) auftreten. Außerdem gibt es ein vererbtes Risiko, also eine angeborene Reaktionsbereitschaft zu Spannungskopfschmerzen, wenn ungünstige Bedingungen auftreten (Belastung, Überforderung, Hilflosigkeit).

Die Rolle der muskulären Verspannung ist manchmal fraglich

Spannungskopfschmerzen können von starken Muskelverspannungen im Bereich von Kopf, Schultern, Nacken und Halswirbelsäule begleitet werden – dies ist aber nicht immer der Fall: Man unterscheidet daher zwischen Kopfschmerz vom Spannungstyp mit und ohne muskuläre Beteiligung. Chronische Muskelverspannungen führen oft zu Veränderungen direkt in der betroffenen Muskulatur: zu Muskelhartspann und druckschmerzhaften Knoten in der Muskulatur. Außerdem steigt bei chronischen Muskelverspannungen die Schmerzempfindlichkeit der Muskeln.

Für die Muskelverspannungen gibt es zwei mögliche Ursachen: einseitige körperliche Beanspruchung (körperliche Fehlhaltungen, z. B. bei der Arbeit) und seelische Anforderungen. Ständiger äußerer Druck und innere Anspannung führen dazu, dass bei Belastungen aller Art individualspezifisch die Nackenmuskulatur angespannt wird. Oder der Patient interpretiert Situationen häufig als bedrohlich und zieht den Nacken ein.

Dauerstress, ständige Belastungen und Überforderungen verändern darüber hinaus den Hirnstoffwechsel. Die Schmerzschwellen im Gehirn sinken, d. h. das Gehirn reagiert empfindlicher auf Schmerzreize aller Art. Auf der Seite des Erlebens führen Dauerbelastungen meist auch zu Nervosität und Angst, Selbstzweifeln, negativen Gedanken, Stimmungsschwankungen, Antriebs- und Konzentrationsstörungen und manchmal zu zahlreichen weiteren Beschwerden.

2.3.1 Pathopsychologie des KST

Muskelmehrarbeit

Ausgehend von den physiologisch-biochemischen Mechanismen myogener Schmerzen stellen wir dysfunktionale Muskelhyperaktivität im Kopf- und Nackenbereich in das Zentrum unserer Theorie der Kopfschmerzen vom Spannungstyp (Bischoff & Traue, 1983). Diese dysfunktionalen Muskelspannungen können durch übermäßige Anstiege, verlängerte Rückbildung, erhöhte Verspannungen in Ruhe und durch gehäufte oder übermäßig lange Belastungen akkumulieren.

Konditionierte Muskelspannung: Operante Konditionierung von Verspannungen beachten!

Lerntheoretisch lässt sich die Entstehung dysfunktionaler Muskelmehrarbeit als Folge klassischer und operanter Konditionierung verstehen. Dysfunktionale Muskelspannungen sind besonders dann konditionierbar, wenn sie als motorische Aktivität die physiologische Basis von Handlungen und Bewegungen sind. So sind Muskelmehrarbeit als Korrelat von beruflicher Tätigkeit direkt durch positive Verstärkung oder indirekt durch die Bestrafung von Ruhepausen konditionierbar. Solche Vorgänge sind für berufsbedingte Kopfschmerzen verantwortlich. Durch die Bestrafung von emotionalem Ausdrucks- und Bewegungsverhalten kann die durch übermäßige Anspannung realisierte Ausdruckshemmung operant konditioniert werden. Das Bedingungsmodell myogener Kopfschmerzen berücksichtigt aber auch die Möglichkeit operanter Kontrolle von Kopfschmerz als Schmerzverhalten, das partiell oder vollständig ohne physiologische Beteiligung denkbar ist.

Eine direkte Bestätigung der Muskelmehrarbeitshypothese erbrachte eine Feldstudie von Schlote (1989), in der eine Gruppe von Patienten mit Kopfschmerzen vom Spannungstyp über eine Woche hinweg bei ihrer normalen Arbeitstätigkeit elektromyografisch erfasst wurde. Die Personen mit Spannungskopfschmerz akkumulierten – auch während der Arbeitspausen – im Trapeziusmuskel nahezu doppelt soviel Verspannungen wie die Kontrollpersonen, eine Hyperaktivität, die nicht auf vermehrte körperliche Tätigkeit zurückgeführt werden konnte, denn eine erhöhte kardiovaskuläre Aktivität wurde nicht beobachtet.

Klinisch werden als Auslöser für Kopfschmerzen von Patienten häufig interpersonale Belastungen genannt. Solche aversiven sozialen Stressoren waren auch in Laboruntersuchungen besonders gut geeignet, Patienten mit Spannungskopfschmerzen von Kontrollpersonen in ihren muskulären Reaktionen zu trennen. Die Patienten waren durch größere Anstiege, höhere Absolutspannungen und verzögerte Rückbildungszeiten gekennzeichnet (Traue et al., 1985). Ebenfalls bedeutsam sind Schmerzreizung und Schmerzerwartung als bedingte und unbedingte Stimuli, die bei Personen mit Spannungskopfschmerz stärker zu dysfunktionaler Muskelmehrarbeit führen als bei gesunden Kontrollpersonen (Bischoff & Traue, 1983). Diese Kausalbeziehung zwischen Schmerzerwartung und Spannungsanstieg kann ein wichtiges Bindeglied zum Verständnis der Aufrechterhaltung von Spannungskopfschmerzen sein.

Schmerzerwartung macht Muskelspannung

Soziale Stressoren und gehemmte Expressivität führen zu muskulären Verspannungen

Emotionale Reaktionen in sozialen Situationen, die unter Bestrafungsbedingungen geraten, bleiben mit ihren motorischen und autonomen Komponenten erhalten, wenn das offene Ausdrucksverhalten unterdrückt wird. In solchem Hemmungsverhalten sehen wir eine wichtige Quelle schmerzerzeugender Muskelaktivität. Tatsächlich zeigen Patienten mit Spannungskopfschmerzen unter sozialem Stress verminderte Expressivität und reduzierte kommunikative Bewegungen der Arme und des Kopfes. Gleichzeitig korreliert die Hemmung mit erhöhten Muskelspannungswerten. Die Hemmung expressiven Verhaltens führt jedoch nicht nur zur Akkumulation von Muskelspannung, sondern stellt eine ineffiziente Strategie zur Bewältigung von sozialem Stress dar und behindert den Aufbau eines sozialen Unterstützungssystems (Traue, 1998).

Wenn der Patient seine Verspannung nicht spürt

Wird auf Grund klassischer und operanter Konditionierung ein Verhalten verstärkt, das mit dysfunktionaler Muskelaktivität einhergeht, so beeinflusst das die propriozeptive Wahrnehmung der muskulären Aktivität. Diese hat eine handlungsregulierende Funktion, indem sie dem Individuum seine Belastung signalisiert und Hinweisreize zur Erholung gibt. Bei emotionaler Stimulierung werden über das muskuläre Feedback qualitative emotionale Informationen verarbeitet. Wenn motorische Aktivität, die mit Muskelmehrarbeit einhergeht, positiv oder negativ verstärkt wird, verliert die Wahrnehmung der Muskelspannung diese Funktionen und wird gelöscht. Bischoff (1989) konnte ein solches Wahrnehmungsdefizit bei Patienten mit Spannungskopfschmerzen experimentell nachweisen. Dieser Befund wiegt um so schwerer, als Migränepatienten ihre Stirnmuskelspannung nicht schlechter wahrnehmen konnten als die Kontrollpersonen. Es handelt sich also um einen Mechanismus, der speziell Patienten mit Spannungskopfschmerzen betrifft.

2.3.2 Auslöser von KST

Als Auslöser für KST werden zahlreiche psychosoziale Faktoren (z. B. Angst, Depression, Arbeitsstress, zwischenmenschliche Belastungen, Schlafstörungen, sexuelle Probleme) und physikalische Faktoren (z. B. Kopftraumata, Skoliose) genannt. Wie bei der Migräne muss kritisch angemerkt werden, dass die empirische Datenbasis dürftig ist.

In Biofeedbackexperimenten konnten von den Patienten durch willkürlich erzeugte Verspannung der Stirnmuskulatur Kopfschmerzen ausgelöst werden. Dies gelingt reproduzierbar auch durch optische und akustische Stressoren, vor allem durch Lichtblitze, die auch zu einem signifikanten Anstieg der Muskelspannung in der Stirnmuskulatur führen. 95 % der Spannungskopfschmerzpatienten reagierten auf diese Stressoren mit Spannungsgefühlen, 50 % mit Kopfschmerzen, die Kontrollpersonen blieben nahezu beschwerdefrei. Die Befunde dieser Auslöserstudie sprechen für differenzielle Reaktionen der Muskulatur auf spezifische Belastungen (Bischoff et al., 1999).

Psychosoziale Auslöser von muskulären Verspannungen

Studien mit der täglichen Messung von Alltagsstress und einer aufwändigen Zeitreihenanalyse (siehe auch die Beschreibung der Messung von Alltagsstress in Kapitel 3) belegen zwar nicht die auslösende, aber die modulierende Wirkung von Alltagsstress auf die Symptomatik des KST. Für mehr als die Hälfte der untersuchten KST-Patienten ließen sich signifikante intraindividuelle Zusammenhänge zwischen Schmerzsymptomatik und Alltagsstress nachweisen. Die quantitative und qualitative Bestimmung dieses Zusammenhangs wird allerdings erschwert, weil KST-Patienten dazu neigen, ihren Alltagsstress zu unterschätzen (Traue et al., eingereicht).

2.3.3 Pathophysiologie des KST

Für KST gibt es zentrale und periphere Faktoren

Obwohl die pathophysiologischen Grundlagen von KST erst bruchstückhaft bekannt sind, kann man davon ausgehen, dass beim KST ohne Störungen der perikranialen Muskulatur wahrscheinlich zentralnervöse Schmerzmechanismen wirksam sind und beim KST mit Störungen der perikranialen Muskulatur sowohl zentralnervöse als auch periphere Schmerzmechanismen (siehe die Karte zum Kopfschmerz vom Spannungstyp im Anhang des Buches und für die detaillierte Originalliteratur Bischoff et al., 2003).

KST ohne Störungen der perikranialen Muskulatur wird durch Störungen zentraler antinozizeptiver (schmerzdämpfender) Systeme bewirkt, die normale peripher-afferente Information als Schmerzsensationen verarbeiten oder periphere Schmerzreize mit einer erhöhten Empfindlichkeit registrieren. Diese Störungen sind in Fehlregulationen des Endorphin- und Serotonin-Stoffwechsels zu suchen. Sie sind entweder konstitutionell oder durch spezifische Erfahrungen (Stress, Hilflosigkeit, Depression) bedingt. Neuere Untersuchungen zeigen eine erniedrigte Schmerzschwelle und Schmerztoleranz bei Personen mit KST und mit Migräne während der Kopfschmerzen und im schmerzfreien Intervall. Dem entsprechen bei KST erniedrigte Endorphin-, Substanz-P- und Serotonin-Spiegel in Plasma und der Zerebrospinalflüssigkeit.

Im Hinblick auf KST stellt sich allerdings die Frage, ob es spezifische zentrale Störungen gibt. Befunde zum Phänomen der exterozeptiven Hemmung (ES) sprechen dafür. Das Phänomen der extereozeptiven Hemmung tritt normalerweise als eine zweiphasige Unterdrückung der elektrophysiologischen Aktivität im m. masseter auf, wenn ein kurzer schmerzhafter Stimulus bspw. an der Lippe appliziert wird. Die zweite Phase der exterozeptiven Hemmung bei Patienten mit KST fehlt doppelt so häufig wie bei Migränikern und die fehlende zweite ES korreliert mit erhöhter Schmerzempfindlichkeit. Exterozeptive Hemmung und Schmerzempfindlichkeit sind – folgt man Ergebnissen aus Tierversuchen – auf die Aktivität des serotonergen antinozizeptiven Systems in periaquäduktalem Grau, n. Raphe und pontobulbärer Formatio reticularis zurückzuführen, Strukturen, die unter Einfluss des limibischen Systems stehen, also durch emotionale Erlebnisse moduliert werden.

Myogenie von Schmerzen ist häufig

Für *KST mit Störungen der perikranialen Muskulatur* wird angenommen, dass neben zentralen auch periphere, im Muskelstoffwechsel verankerte Mechanismen für die Entstehung der Kopfschmerzen verantwortlich sind.

Mit Betonung auf diesen peripheren Mechanismen sprechen wir von myogenen Kopfschmerzen (Bischoff & Traue, 1983). Als Störung der perikranialen Muskulatur gilt nach den derzeit gültigen Kriterien der IHS eine erhöhte Schmerzempfindlichkeit der Muskeln (tenderness). Am solidesten ist die größere Schmerzempfindlichkeit gegenüber mechanischer Stimulation belegt, denn überraschenderweise ist die Muskulatur bei thermaler Stimulation keineswegs empfindlicher. Die mechanische Schwelle der im Muskel liegenden Nozizeptoren liegt im Normalfall nahe bei der Maximalkontraktion des Muskels. Dies ändert sich bei relativer oder absoluter Unterversorgung mit Sauerstoff (Ischämie), zu der es auf Grund von erhöhter Muskelkontraktion kommen kann. Tatsächlich reagiert bei stresshafter Belastung nicht nur die Muskulatur mit Verspannungen (EMG-Anstieg und Muskelhärte), sondern auch das sie versorgende vaskuläre System mit Vasokonstriktion (siehe zusammenfassend Wittrock & Myers, 1998). Die Ischämie bewirkt über die Erniedrigung des pH-Levels die Freisetzung von chemischen Schmerzstoffen, was mit einer Senkung der Schwellen der mechanosensiblen Nozizeptoren (Schmerzrezeptoren für mechanische Reize) einhergeht, so dass bereits Muskelspannungen geringerer Kontraktionsstärke Schmerzen auslösen können. Ist erst einmal Schmerz entstanden, dann besteht die Gefahr, dass durch positive Rückkoppelung ein Teufelskreis von Muskelspannung und Schmerz entsteht.

Sauerstoffmangel im Muskel

Myogelosen und Triggerpunkte

Orte der größten Muskelverspannung sind nicht notwendigerweise die Orte, an denen Schmerz erlebt wird. Die Gründe dafür sind nicht vollständig klar. Es steht allerdings fest, dass im gespannten Muskel mit der Zeit durch Degeneration von Muskelgewebe sogenannte Triggerpunkte entstehen, die auf mechanische Belastung hin einen übertragenen Schmerz in Referenzzonen entstehen lassen. Bei KST-Patienten kann auch eine erhöhte

Konsistenz des Muskelgewebes nachgewiesen werden, ein als Muskelhärte bezeichnetes Phänomen, das mit der Schmerzempfindlichkeit des Muskels korreliert. Als Ursache für die Muskelhärte werden erhöhte Muskelaktivität, Ödeme im Muskelgewebe oder Störungen der Mikrozirkulation angenommen. Denkbar sind auch erhöhte lokale Eigenreflexe der Muskulatur (Ashina et al., 1999).

Aus den myogenen Faktoren des KST lassen sich unmittelbar Behandlungsstrategien ableiten

Für die verhaltenmedizinische Behandlung von KST sind myogene Mechansimen der Schmerzentstehung und -aufrechterhaltung von besonderer Bedeutung, weil sie mit Entspannungsverfahren, körpertherapeutischen Techniken und Biofeedback behandelt werden können. Untersucht wurden EMG-Ruhewerte, EMG-Verlaufswerte (Anstiege, Rückbildungszeiten, Variabilität) verschiedener Muskeln (meist Stirnmuskel, m. temporalis, m. trapezius) in den unterschiedlichsten physikalischen und psychosozialen Belastungssituationen im Labor und im Feld. Betrachtet man die Befunde zusammenfassend, weisen KST-Patienten dysfunktionale Spannungsmuster auf, die sie von schmerzfreien, aber nicht von Migränepatienten unterscheiden. Es ist deshalb nützlich, die muskuläre Beteiligung beim einzelnen Patienten zu identifizieren und nicht auf Grund der Phänomenologie des Kopfschmerzes die Myogenie anzunehmen. Der Begriff des myogenen Kopfschmerzes (Bischoff & Traue, 1983) ist nah verwandt dem IHS-Begriff des Kopfschmerzes vom Spannungstyp mit Störung der perikranialen Muskulatur. Er ist insofern enger als dieser, als er die Verursachung der Schmerzen durch dysfunktionale Muskelaktivität zum Definitionskriterium macht, während der IHS-Begriff KST offen lässt, ob ein ursächlicher Zusammenhang zwischen dem Kopfschmerz und Störung der perikranialen Muskulatur gegeben ist, und wenn ja: in welcher Richtung.

2.4 Kopfschmerz bei Medikamentenübergebrauch

Bei den medikamentenbedingten Kopfschmerzen stehen die lerntheoretischen Bedingungen der Aufrechterhaltung im Vordergrund

Kopfschmerz bei Medikamentenübergebrauch entsteht bei langfristiger, regelmäßiger Einnahme von schmerzlindernden Substanzen: von Ergotaminen, Triptanen, Analgetika, Schmerzmittelmischpräparaten und Opioiden. Das größte Risiko der Gewöhnung an die Einnahme besteht natürlich bei psychotropen Mono- und Kombinationspräparaten. Kopfschmerzen resultieren hingegen am raschesten aus einer häufigen Einnahme von Triptanen, Ergotaminen und Mischpräparaten, während sie sich bei analgetischen Monosubstanzen erst nach mehreren Jahren einstellen. Während übrigens früher der Verdacht der Medikamentenbedingtheit von Kopfschmerzen geäußert wurde, wenn bestimmte kritische Monatsdosen von Analgetika überschritten wurden (z. B. 24 mg Ergotamintartrat oder 1200 mg Sumatriptan oder 7000 mg Acetylsalicylsäure oder 7500 mg Paracetamol), schreibt man heute auf Grund empirischer Studien der *Anzahl* der Tage mit Analgetikaeinnahme pro Monat die größere Bedeutung zu. Bekanntermaßen weckten die Triptane bei ihrer Einführung die Heilserwartung, mit ihnen endlich eine

Alternative zu den Ergotaminpräparaten zu haben, d. h. auch, über ein potentes Migränemittel ohne das Risiko von medikamentenbedingten Kopfschmerzen zu verfügen. Heute geht man davon aus, dass Triptane bei de-novo-Patienten rascher als Mutterkornpräparate medikamentenbedingten Kopfschmerz entstehen lassen. Man kann plakativ sagen: Je potenter ein Schmerzmittel, desto schneller entwickeln sich Kopfschmerzen.

Motivationsstruktur und Modelle des Analgetikakonsums beachten!

Bei der Entstehung und Aufrechterhaltung von Kopfschmerz bei Medikamentenübergebrauch wirken biologische Faktoren, z. B. die veränderte Rezeptorsensitivität für die Wirksubstanzen, und psychologische Faktoren zusammen, die strukturell als auch prozessual wirksam werden. Lerntheoretisch steht operante Konditionierung im Vordergrund. Das Einnahmeverhalten wird verstärkt, wenn das jeweilige Medikament zunächst angenehme, positiv erlebte emotionale Zustände induziert oder aversive Empfindungen (z. B. Schmerzen, Angst oder schmerzbedingte Leistungseinbußen) reduziert oder beseitigt. Zu Beginn eines Analgetikamissbrauches mag auch Modellernen im Umgang mit Medikamenten während Kindheit und Jugend im Elternhaus oder in der Bezugsgruppe eine Rolle spielen. Die Einnahme kann durch klassisches Konditionieren unter Kontrolle von einer Vielzahl von neutralen Reizen (z. B. Umgebungsreize, psychisches Befinden, soziale Situation) kommen, die als diskriminative Stimuli für die Substanzeinnahme wirken. Solche Lernvorgänge gelten möglicherweise auch für interozeptive Reize. Medikamente können außerdem selbst über inhärente Verstärkereigenschaften verfügen, wenn sie selber psychoaktiv sind, z. B. eine stimulierende Wirkung haben wie Koffein oder eine dämpfende/anxiolytische Wirkung wie Codein oder andere Opioide. Da insgesamt die Faktoren sehr heterogen sind und starke individuelle Ausprägungen und Idiosynkrasien enthalten, ist die Entwicklung eines einheitlichen Bedingungsmodells für Kopfschmerzen bei Medikamentenübergebrauch nicht möglich.

2.5 Kopfschmerz zurückzuführen auf psychiatrische Störungen

In der neuen IHS Klassifikation werden zahlreiche psychiatrische Störungen genannt, in deren Kontext Kopfschmerzen als Symptom von Patienten berichtet werden: Somatisierungsstörung und psychotische Störung und – im Anhang – Major Depression, Panikstörung, generalisierte Angststörung, undifferenzierte somatoforme Störung, soziale Phobie, Trennungsangst, und posttraumatische Belastungsstörung. Welche Störungstheorien kommen für Kopfschmerzen in Frage, die auf eine psychiatrische Störung zurückzuführen sind? Genau genommen müssten die Kopfschmerzen im Kontext der jeweiligen Störungstheorie erklärt werden. Das würde den Umfang dieses Kapitel sprengen. Einige allgemeine Mechanismen kann man jedoch benennen:

1. *Somatische Reaktionen auf Emotionen werden in Begriffen körperlicher Erkrankungen (hier: von Kopfschmerzen) beschrieben.* Dieser Mechanismus kommt für die Somatisierungsstörungen, die Angststörungen und die posttraumatische Belastungsstörung in Betracht. Die Patienten sprechen nicht von ihren Anspannungen oder innerlich empfundenen Erregung, sondern von Kopfschmerzen.
2. *Die Kopfschmerzen sind Stressreaktionen auf psychische Belastungen.* Die angegeben psychiatrischen Störungen werden durch Belastungen verursacht oder sind selber eine Belastung. Vor allem für Angststörungen und die posttraumatische Belastungsstörung können real vorhandene oder aus der mentalen Verarbeitung von Belastungen resultierende Stressoren angenommen werden. Neben der psychiatrischen Störung können diese Stressoren auch Kopfschmerzen auf den bekannten psychobiologischen Wegen bewirken.
3. *Wahnhafte Vorstellungen im Rahmen einer psychotischen Störung oder einer depressiven Episode mit psychotischen Symptomen implizieren Kopfschmerzen mit einer dem Wahn inhärenten Logik.* Wenn der Patient „wähnt", an einem Hirntumor zu leiden oder ständig Schläge auf den Kopf zu erhalten oder Jesus mit Dornenkrone zu sein, dann sind Kopfschmerzen innerhalb dieses Wahnsystems eine selbstverständliche Folge.
4. *Die psychiatrische Störung verändert den Hirnstoffwechsel:* Bei Kopfschmerzen im Kontext von Depression kann der veränderte Hirnstoffwechsel, vor allem ein veränderter Serotoninspiegel, gleichermaßen für die Kopfschmerzen und die Depressionsymptomatik ursächlich sein. Auch an der poststraumatischen Belastungsstörung sind starke Veränderungen des Hirnstoffwechsels (Endorphine) beteiligt, die zu einer Schmerzsensitivierung führen können.

2.6 Clusterkopfschmerz

Clusterkopfschmerz wird traditionell wie die Migräne als vaskulärer Kopfschmerz konzipiert und mit entzündlichen Prozessen im Bereich des Sinus cavernosus in Zusammenhang gebracht. Eine bahnbrechende neuere Studie über zerebrale Aktivierungsmuster im PET legt allerdings nahe, im Clusterkopfschmerz eine neuronale Störung der zirkadianen Schrittmacherzellen des Hypothalamus zu sehen – mit vaskulären Veränderungen als trigeminal vermitteltem Epiphänomen (May et al., 1998).

2.7 Genetische Faktoren beim Kopfschmerz

Die Neigung zu Kopfschmerzen ist teilweise angeboren

Es spricht einiges dafür, dass die gravierenderen Formen primärer Kopfschmerzen – Migräne mit Aura und chronischer KST – eine genetische Komponente haben. Kein Wunder ist dies bei der familiären hemiplegischen Migräne, die per definitionem nur vorliegt, wenn mindestens ein Verwandter ersten Grades ebenfalls an ihr leidet. Sie ist eine autosomal dominant vererbte Störung eines Gens auf Chromosom 19 und mit einer Mutation der alpha 1a-Untereinheit des PQ-Calciumkanals assoziiert. Aber auch bei Migräne ohne Aura scheint es nach neueren Zwillingsstudien einen nicht zu vernachlässigenden genetischen Faktor zu geben. Die Auftretenswahrscheinlichkeit von chronischen KST ist bei Verwandten ersten Grades 2- bis 4-mal so hoch wie bei Ehepartnern (Russell et al., 1999)

3 Diagnostische Verfahren und Dokumentationshilfen

Schmerzpatient und Arzt – eine schwierige Beziehung

Kopfschmerzpatienten gelten im Hinblick auf psychologische Diagnosen und Behandlungen als schwierig in der Interaktion, weil sie oftmals für psychosomatische Zusammenhänge wenig aufgeschlossen sind. Ursächlich sind dafür meistens langjährige organisch orientierte Diagnosen und medikamentöse Therapieversuche bei Hausärzten und Fachärzten; übrigens meist ganz im Sinne des Patienten, der – wie wir alle – dazu neigt, bei körperlichen Symptomen nach körperlichen Ursachen zu suchen und eine somatisch basierte Behandlung zu erwarten. Wenn die Kopfschmerzen jedoch nicht nachlassen, kommt es nicht selten zum frustrierten Abbruch der therapeutischen Beziehung oder der Arzt führt die Möglichkeit ins Feld, dass der Schmerz *psychisch* bedingt ist. Wenn Patienten und wir als Schmerzpsychotherapeuten in dieser Ausgangssituation das erste Mal aufeinander treffen, befinden sich beide Parteien in der Defensive: der Patient, weil er uns unterstellt, dass wir ihm die Schmerzen nicht abnehmen und glauben, er sei seelisch gestört; und wir als Psychotherapeuten, weil wir uns gedrängt sehen, psychologische Ätiologieannahmen zu rechtfertigen. Wenn die Kasse oder der Rentenversicherer eine Rehabilitationsmaßnahme in einer psychosomatischen Rehabilitationsklinik veranlasst, notfalls auch gegen den erklärten Willen des Patienten – dann haben wir den *worst case*, in dem eine psychologische Schmerztherapie ihren Ausgang nehmen soll.

Schmerzambulanzen und psychosomatische Klinken liegen vorn!

Von Anfang an ist deshalb ein Vorgehen wichtig, bei welchem dem Patienten möglichst frühzeitig ein ganzheitlicher verhaltensmedizinischer Ansatz nahe gebracht wird, bei dem parallel und interdisziplinär nach möglichen körperlichen und möglichen psychosozialen Faktoren der Schmerzauslösung und -verursachung geforscht wird und das Behandlungsangebot sich individuell an der Bedeutung ausrichtet, die diesen Faktoren im Einzelnen zukommen. Verwirklicht wird ein solcher verhaltensmedizinischer Ansatz am ehesten in Schmerzambulanzen und in psychosomatischen Fachkliniken.

Das erste Ziel der Schmerzdiagnostik ist die angemessene Deskription eines Schmerzgeschehens und damit die Zuordnung zu einer Schmerzkrankheit im Sinne der Klassifikation der Internationalen Kopfschmerzgesellschaft (IHS).

Die Diagnostik von Kopfschmerzen gliedert sich in mehrere Schritte

Während aber im klassisch medizinischen Krankheitsmodell nach dieser Zuordnung der Blick dem nun folgenden Medikamentenschema gilt, benötigt die psychologische Schmerztherapie weitergehende Information über die physikalischen und psychosozialen Auslöser und die lerntheoretischen aufrechterhaltenden Bedingungen der Schmerzstörung. Der psychologische Schmerztherapeut muss erfahren, wie die Schmerzen verarbeitet werden und wie der Patient mit Belastungen umgeht. Es ist notwendig zu erfahren, wie der Patient bislang seine Schmerzen behandelt hat und welche Erwartungen er diesbezüglich an die Therapie stellt. Eine ergänzende Anamnese über Familie und Partnerschaft, das soziale Netzwerk um den Patienten und seine berufliche Situation ermöglicht dem Therapeuten Wechselwirkungen zwischen der Lebenssituation, Auslösung und Aufrechterhaltung aufzuspüren. Wo die medizinische Diagnostik aufhört, beginnt also die psychologische Diagnostik, mit deren Hilfe ein Therapieplan erstellt werden kann. Wesentlich ist hierbei, dass der diagnostische Prozess mit dem Aufbau einer therapeutischen Beziehung einhergeht und die diagnostischen Schritte nicht vollständig vor dem Einleiten der Therapie abgeschlossen sein müssen, sondern sich teilweise aus dem Verlauf der Therapie ergeben.

Die diagnostischen Verfahren lassen sich grob in störungsspezifische und -unspezifische Verfahren gliedern. Die störungsspezifischen diagnostischen Methoden gliedern sich in die schmerzbezogenen Themen der Anamnese, psychometrische Schmerzskalen und Checklisten, Schmerztagebücher, Leitfäden und psychophysiologische und physiodiagnostische Messungen. Spezifisch für Kopfschmerzen, die auf psychiatrische Störungen zurückzuführen sind, und relevant als ergänzende diagnostische Instrumente wären diagnostische Zuordnungen nach ICD-10, DSM-IV, Persönlichkeitstests und andere klinische Skalen zu nennen, die zum Verständnis der Ätiologie, der Aufrechterhaltung und für die Therapieindikation benötigt werden. Anstelle einer vollständigen Darstellung (siehe dazu z. B. Basler et al., 1999) sollen hier die wichtigsten diagnostischen Verfahren dargestellt werden.

3.1 Die Kopfschmerzanamnese

Am Anfang steht das Wort (hier das diagnostische Gespräch)

Die Anamnese am Beginn der Behandlung erfüllt im Wesentlichen zwei Funktionen: die *Diagnosestellung* und die *Gestaltung der therapeutischen Beziehung*. Obwohl die Anamnese den Inhalten nach in erster Linie den diagnostischen Anforderungen folgt, ist für den anfänglichen Verlauf der Therapie die Gestaltung der therapeutischen Beziehung von größerer Relevanz. Beide Aspekte schließen sich natürlich nicht aus. Da die neue IHS-Klassifikation Somatisierungsstörung, psychotische Störung und – im Anhang – Major Depression, Panikstörung, generalisierte Angststörung, undifferenzierte somatoforme Störung, soziale Phobie, Trennungsangst und posttraumatische Belastungsstörung als psychiatrische Erkrankungen aufführt, auf welche Kopfschmerzen zurückgehen können, muss die Diagnostik dies berücksichtigen. Die IHS empfiehlt idealerweise eine vollständige psychiatrische Befundung, fordert aber zumindest nach typischen psychiatrischen Symptomen zu fragen. Aus diesen Empfehlungen folgt erstens für den psychotherapeutisch arbeitenden Schmerztherapeuten, dass er neben der Schmerzdiagnostik regelhaft eine psychiatrische Diagnostik nach DSM-IV oder ICD-10 machen sollte. Zweitens ist zu erwarten, dass Psychotherapeuten künftig häufiger im Rahmen der Kooperationen mit niedergelassenen Ärzten oder konsiliarisch im Hinblick auf die Verursachung der Kopfschmerzen um die psychiatrische Abklärung gebeten werden.

Zwei Verfahren zur standardisierten psychiatrischen Diagnostik bieten sich an:
– das strukturierte klinische Interview für DSM-IV (SKID-I und SKID-II) und
– die Diagnose-Checklisten für DSM-VI und ICD-10

Das *Strukturierte Klinisches Interview für DSM-IV* (Wittchen et al., 1997) erfasst als SKID-I die psychischen Störungen und als SKID-II die Persönlichkeitsstörungen bei ambulanten und stationär behandelten Patienten. Außerdem werden Kodierungsmöglichkeiten für die Beurteilung von Achse III (körperliche Störungen) und Achse V (Psychosoziales Funktionsniveau) angeboten. Alle Diagnosen werden im Längs- und Querschnitt sowie mit Zusatzinformationen über Beginn und Verlauf erhoben. Folgende DSM-IV Diagnosen können im SKID-I auf Achse I beurteilt werden: Affektive Störungen, Psychotische Störungen, Störungen durch psychotrope Substanzen, Angststörungen, Somatoforme Störungen, Essstörungen und Anpassungsstörungen. Das SKID-II ist ein Verfahren zur Diagnostik von Persönlichkeitsstörungen, die zwar nicht zu den psychiatrischen Störungen zählen, auf die nach der IHS-Klassifikation Kopfschmerzen zurückzuführen sein können, die aber als komorbide Störungen durchaus das Auftreten von Kopfschmerzen begünstigen können.

Das SKID-I und SKID-II ermöglichen dem Interviewer eine valide Diagnosestellung nach DSM-IV. Durch die Angabe von Sprungregeln hält sich der Interviewer nicht bei Fragen nach Symptomen auf, die diagnostisch irrelevant sind. Die Durchführungszeit von SKID-I beträgt etwa 60 Minuten und teilt sich in einen freien (etwa 10 Minuten Dauer) und einen strukturierten Interviewteil. Die durchschnittliche Durchführungszeit von SKID-II liegt bei etwa 30 Minuten.

Als zweites Verfahren kommen die *Diagnose Checklisten für DSM-IV und ICD-10 (SCL und IDCL)* in Frage. Die Checklisten sollen dem Arzt, speziell dem Psychiater und dem Klinischen Psychologen die psychiatrisch-psychologische Diagnosenstellung nach ICD-10 und DSM-IV erleichtern (Hiller et al., 1995).

Die IDCL für DSM-IV können zur psychiatrisch-psychologischen Diagnosenstellung, zur Dokumentation des diagnostischen Befundes und zur Verlaufsbeschreibung herangezogen werden. Entwickelt wurden die insgesamt 31 Checklisten vor allem für die tägliche Routinediagnostik im Bereich der psychiatrischen und psychosozialen Versorgung. Die Listen können dem Kliniker während des Explorationsgesprächs als Leitfaden dienen, um die diagnostischen Kriterien der in Frage kommenden Störungsbilder systematisch zu überprüfen. Folgende Störungsbereiche werden berücksichtigt: psychotische Störungen, affektive Störungen, Angststörungen, somatoforme Störungen, Störungen durch die Einnahme psychotroper Substanzen, Essstörungen und organisch bedingte psychische Störungen. Die IDCL sind erfolgreich erprobt worden und haben sich im ambulanten und stationären Bereich bewährt.

Für die ICD-10 gibt es SCL und IDCL, die aufeinader bezogen sind, aber unterschiedliche Zwecke erfüllen: Die Symptom Checkliste (SCL) ist ein Screening-Verfahren, das beim ersten, kurzen Patientenkontakt eine vorläufige diagnostische Zuordnung zu den Diagnosekriterien der ICD-10 erlaubt. Es basiert auf den „Klinisch-diagnostischen Leitlinien" zur ICD-10 Kapitel V(F). Das mitgelieferte Glossar enthält genaue Definitionen der im ICD-10-System verwendeten Fachbegriffe. Die 32 Internationalen Diagnosen Checklisten (IDCL) berücksichtigen zusätzlich die „Forschungskriterien" zur ICD-10 Kapitel V(F). Mit ihrer Hilfe können, nach einer sorgfältigen Erhebung der Kriterien, sehr präzise Diagnosen im Sinne der ICD-10-Klassifikation gestellt werden. Es liegen ein Manual und Listen für die wichtigsten und häufigsten psychischen Störungen vor.

3.1.1 Empfehlungen zur interaktiven Gestaltung der Kopfschmerzanamnese

Den Schmerz in seiner Komplexität diagnostizieren und die Beziehung gestalten

Beim Erstkontakt mit dem Kopfschmerzpatienten empfiehlt es sich, möglichst rasch den Zuweisungskontext zu vergegenwärtigen (Wer hat mir den Patienten nach welchen bereits abgelaufenen Untersuchungs- und Behandlungsschritten mit welchem Auftrag zugewiesen? Wie *freiwillig* kommt er zu mir?) und dafür zu sorgen, dass die psychologische Schmerztherapie in einen interdisziplinären Behandlungskontext gestellt wird, d. h. – sofern noch nicht erfolgt – organmedizinische Abklärung und Abstimmung therapeutischer Maßnahmen.

Das Arbeitsbündnis herstellen!

Für ein tragfähiges Arbeitsbündnis mit dem Kopfschmerzpatienten sind diese Strategien hilfreich:

1. *Den Patienten zunächst uneingeschränkt als Patienten mit Kopfschmerzen sehen und seine Krankheitstheorien akzeptieren*

Schmerzen immer organmedizinisch abklären!

Die Kopfschmerzen als solche ernst nehmen: Das kann ich dem Patienten am besten vermitteln, indem der Therapeut sie als erstes exploriert, und nicht etwa die psychosozialen Konfliktsituationen, in denen der Patient möglicherweise auch steckt. Auch der Psychologische Psychotherapeut sollte sich nicht nur am Anfang der Behandlung, sondern in deren Gesamtverlauf dessen vergewissern, dass die jeweils vom Patienten beschriebenen Kopfschmerzen hinsichtlich organischer Ursachen ausreichend abgeklärt sind, und – sofern dies nicht der Fall ist – eine Überweisung zum ärztlichen Spezialisten veranlassen. Dies wirft die allgemeinere Frage nach *organmedizinischen Basis- und Zusatzuntersuchungen* auf. Die Deutsche Migräne- und Kopfschmerzgesellschaft (dmkg.org/grundl/alarm.htm; siehe auch Anhang, S. 102) empfiehlt, dass jeder Patient mit chronischen Kopfschmerzen einmalig mit bildgebenden Verfahren untersucht wird. Zusatzuntersuchungen sind vor allem dann ratsam,

- wenn typische Begleitsymptome für einen sekundären Kopfschmerz vorliegen (als solche gelten: erstmaliges Auftreten von Kopfschmerzen; außergewöhnlich schwere Kopfschmerzintensität; Fieber; Nackenschmerzen; Muskelbeschwerden; Gelenkbeschwerden; kontinuierlich zunehmende Müdigkeit, Konzentrationsstörungen und Gangstörungen),
- bei erstmaligen, nie gekannten, untypischen Kopfschmerzen,
- bei einer Änderung der bekannten Kopfschmerzen,
- einmalig bei Tumorphobie (die Bilder sollten dann mit den Patienten besprochen werden, meist sind die Patienten dann beruhigt und wünschen keine weitere Zusatzdiagnostik).

Symptome genau beschreiben!

Als Verfahren zur Datenerhebung kann der Therapeut neben der freien Schilderung, welche ihm die Beobachtung des verbalen, paraverbalen und nonverbalen Verhaltens des Kopfschmerzpatienten erlaubt, auch *reaktive* Verfahren zu Hilfe nehmen: ein Kopfschema zur Schmerzlokalisation, einen „Schmerzthermometer" zur Erfassung der Schmerzintensität, standardisierte Kopfschmerzfragebögen oder die computergestützte Symptombefragung wie beim LKS (s. S. 51).

Die Krankheitstheorie zur Kenntnis nehmen!

Die Krankheitstheorie des Patienten ernst nehmen heißt, sich für sie interessieren. Zu berücksichtigen ist dabei, dass es in der Bevölkerung für Kopfschmerzen typische Erklärungsmuster gibt, die durchaus empirischen Gehalt haben, aber vom Patienten nicht notwendigerweise einer strengen Prüfung an der eigenen Person unterzogen wurden: Wetter, Ernährung, Monatsregel, Stress usw. Krankheitstheorien sind als individuelle kognitive Konzepte zu nehmen, die der Patient mit Hilfe des Therapeuten in einer neuen Experimentierhaltung sich selber bestätigen oder widerlegen kann.

2. Mit dem Patienten konkrete und realistische Behandlungsziele erarbeiten

Konkrete und realistische Behandlungsziele erarbeiten!

Verständlicherweise erscheint es vielen Kopfschmerzpatienten als das höchste Ziel, schmerzfrei zu werden. Wenn der Therapeut dieses verständliche, aber kaum erreichbare Ziel teilt – und die Verführung ist groß, dies zu tun –, sind Enttäuschung und Verärgerung vorprogrammiert, denn die Therapie nimmt eben meist nicht diesen Idealverlauf. Schwieriger, aber auf lange Sicht günstiger ist es, sich als Therapeut zu den eigenen, oft eng gesteckten Grenzen zu bekennen, dem Patienten gegenüber skeptisch hinsichtlich des Erreichbaren zu bleiben, ohne bei ihm Hoffnungslosigkeit zu induzieren, und auf den wichtigen Beitrag hinzuweisen, den der Patient selbst leisten kann, indem er aktiv an der Therapie mitarbeitet, also seine Übungen regelmäßig durchführt, gestellte Aufgaben in der Zeit zwischen den Therapiestunden bearbeitet und Verhaltensänderungen, die in der Therapie erarbeitet werden, auf Dauer beibehält. Es ist wichtig, dass dieser Aspekt der Therapiemotivation nicht vernachlässigt wird. Die ernsthafte Überprüfung der Mitarbeit des Patienten ist dafür eine wichtige Voraussetzung.

Gemeinsam befürwortete Behandlungsziele am Anfang der Therapie könnten zum Beispiel sein: ein besseres Verständnis für schmerzauslösenden und -intensivierende, aber auch -lindernde Faktoren; Verringerung der Intensität oder der Häufigkeit von Schmerzattacken bzw. -episoden, Reduktion oder Absetzen der Schmerzmedikation. Die Festlegung der Ziele ist nicht ein Thema, das in den ersten Stunden der Behandlung einmalig und abschließend behandelt werden kann. Es ist Aufgabe des Therapeuten, es im Gesamtverlauf der Behandlung im Blick zu behalten und mit dem Patienten zu reflektieren.

3. Mit dem Patienten in eine diagnostische Richtung gehen, die er angstfrei akzeptieren kann

Dies bedeutet zunächst einmal, ihm ein verhaltensmedizinisches Modell seiner Störung zu geben, d. h., ein Modell, in dem alle möglichen Auslösefaktoren versammelt sind, auch die somatischen, und in dem die physiologischen Komponenten der Schmerzen einen Platz haben. Für Migräne, Kopfschmerz vom Spannungstyp und Kopfschmerz bei Medikamentenübergebrauch finden sich im Anhang des Buches Karten mit schematisierten verhaltensmedizinischen Ätiologiemodellen und patientengerechten Begleittexten.

Ein plausibles Schmerzmodell ist die beste Grundlage für therapeutische Zusammenarbeit

Auf der Grundlage plausibler verhaltensmedizinischer Modelle wird dem Patienten der Einstieg in die Psychotherapie durch das Angebot körpernaher Behandlungsmethoden erleichtert, insbesondere durch Entspannungsverfahren und Biofeedback. Es empfiehlt sich bei vielen Kopfschmerzpatienten, sie ausdrücklich zu einer unvoreingenommenen Experimentierhaltung zu motivieren. Da die bisherigen diagnostischen und therapeutischen Maßnahmen allem Anschein nach keine merkliche Besserung gebracht haben, kann der Patient es *riskieren*, sich für eine definierte Zeit auf den Standpunkt zu stellen, dass die verschiedensten Möglichkeiten der Verursachung der Kopfschmerzen in Erwägung zu ziehen sind und dass es gilt, diese wie ein Wissenschaftler zu beobachten – und wie ein Wissenschaftler die Vorgänge zu protokollieren. Das Protokoll kann in freier Form geführt werden oder in Form von Eintragungen in ein Formularblatt: das Kopfschmerztagebuch.

3.1.2 Die Themen der Kopfschmerzanamnese

Was ansprechen?

Die Diagnostik, die Entwicklung eines Krankheitsmodells für die Kopfschmerzen, die Beschreibung therapeutischer Ziele und die Planung der Therapie einschließlich der Therapiekontrolle basiert auf der Integration der Anamnese (als Interview) und psychometrischer diagnostischer Verfahren. Auch wenn die psychometrischen diagnostischen Verfahren zumeist auf den Selbstbeobachtungen des Patienten beruhen, erschließt sich die subjektive Sicht des Patienten am ehesten im Gespräch, weil sich hier der Patient am nuancenreichsten mitteilen kann und dazu auch Gelegenheit erhalten sollte. Es ist dabei zu bedenken, dass Psychotherapeuten mit Schmerzpatienten in der Regel erst nach einer langjährigen Krankengeschichte in Kontakt kommen und dass diese Patienten meistens überwiegend somatische Ursachen für ihr Schmerzleiden annehmen.

Bei der Anamnese der Kopfschmerzen kann mit Hilfe der Übersicht „Kopfschmerzanamnese und Diagnostikempfehlung" vorgegangen werden, die im Anhang (S. 114) zu finden ist. Diese Übersicht gibt die wesentlichen Themen des diagnostischen Interviews vor. Außerdem werden ergänzende diagnostische Instrumente genannt, mit denen auf standardisierte Weise die Ergebnisse der mündlichen Anamnese erhärtet werden können. Einige der standardisierten Instrumente wie das Schmerztagebuch, die Schmerzskalen, Fragebögen etc. können dem Patienten aber auch schon vor der Anamnese ausgehändigt werden. Der Therapeut hat dann die Möglichkeit, auffällige Aspekte genauer im Gespräch zu klären.

Der erste Teil der Anamnese umfasst die genaue Beschreibung der Kopfschmerzen hinsichtlich aller Merkmale des Symptoms, Symptomgenese, Auslöser, die Lernbedingungen, unter denen das Kopfschmerzgeschehen steht oder stand. Im engen Zusammenhang damit steht die Anamnese des Umgangs mit Stress und des kognitiven und emotionalen Stils. Dieser Bereich sollte sorgfältig untersucht werden, auch wenn der Patient keine stress-, kognitions-, emotionsbezogenen Auslöser nennt. Es mag gerade an seinem kognitiven und emotionalen Stil liegen, dass er Belastungen als

Auslöser nicht identifizieren kann. Der zweite Teil der Anamnese beschäftigt sich mit Selbstbehandlungen, Behandlungserwartungen und der allgemeinen Lebenssituation des Patienten. Die psychische Komorbidität kann mit Hilfe des SKID diagnostiziert werden, wenn während der Kopfschmerzanamnese erkennbar wird, dass eine ausschließliche Behandlung der Kopfschmerzen nicht möglich ist.

Die wichtigsten Themenkomplexe der Kopfschmerzanamnese lassen sich in Frage- bzw. Aufforderungsform formulieren (siehe auch Berwald, 1999):

Symptombeschreibung

Symptome explorieren!

Die freie Frage: *Beschreiben Sie bitte Ihre Kopfschmerzen ganz genau!* ermöglicht dem Patienten zunächst mit eigenen Worten sein Leiden zu beschreiben.

Diese und weitere Fragen als interaktive Methode der Beziehungsgestaltung und Datenerhebung sind neben dem Schmerztagebuch notwendig, weil der Therapeut in der freien Schilderung das nonverbale Verhalten des Kopfschmerzpatienten beobachten und unmittelbar auf die Schilderungen des Patienten eingehen kann.

Auslöser

Auslöser abfragen!

An den Schilderungen des Patienten ist von zentralem Interesse, welche Auslösefaktoren psychischer und physischer Art der Patient bisher für einzelne Kopfschmerzepisoden bzw. -attacken identifiziert hat. Die Frage kann so formuliert werden: *Haben Sie an sich schon Stunden oder Tage vor Einsetzen der Schmerzen Veränderungen beobachtet oder gibt es Situationen, die prompt zu Kopfschmerzen führen?* Hier sollte auch erfragt werden, ob es Zeiten ohne Kopfschmerzen gibt, wie beispielsweise das Wochenende oder den Urlaub. Im Kontext mit den Auslösern kann nach der subjektiven Krankheitstheorie des Patienten gefragt werden.

Symptomgenese

Wann und wie fing das Leiden an?

Die Frage: *Seit wann haben Sie die Kopfschmerzen, und wie sind diese seither verlaufen?* leitet zur *Symptomgenese* über: Dabei sollte das Augenmerk auf mögliche Parallelverläufe von psychosozialem Lebenslauf und Kopfschmerzereignissen gerichtet sein, dies besonders im Hinblick auf den Beginn der chronischen Phase. Im Kontext der Frage: *Wie war Ihr Leben, als Sie gesund waren?* kann der Therapeut sozialanamnestische Informationen im engeren Sinn erhalten, und zwar v. a. über Berufswahl und Arbeitsverhalten, über Partnerschaft und Sexualität. All das sind Themen, die sich bei Kopfschmerzpatienten hinsichtlich psychosozialer Auslösefaktoren immer wieder als indikativ erwiesen haben. Die Frage: *Welche Veränderungen gab es in Ihrem Leben, bevor Sie erkrankten?* richtet die Aufmerksamkeit auf die Biografie und wichtige psychosoziale Ereignisse, nämlich kritische Lebensereignisse, wie Todesfälle, Arbeitsplatzwechsel oder -verlust, Scheidung etc., die oft im zeitlichen Kontext zur Schmerzentstehung auftreten, die Schmerzen stärker werden lassen oder chronifizierende Einflüsse haben. Wichtig dabei ist, dass nicht nur die Ereignisse als solche entscheidend sind, sondern die Art ihrer Verarbeitung, oft auch nicht der de-facto-Zeitpunkt, an dem sie stattfinden, sondern der innere Zeitpunkt, zu dem der Patient beginnt, ihr Eintreten für sicher zu halten. Die augenblickliche Situation des Patienten sollte immer im Licht seiner Lebensgeschichte gesehen werden. Selbstkonzepte, die zu Überlastung, mangelnder Rücksicht auf die eigene Leistungsfähigkeit oder zur Unfähigkeit sich zu schonen, führen, könnten modellhaft in der Herkunftsfamilie üblich gewesen sein. Es ist allerdings darauf zu achten, dass problematische Verhaltensweisen nicht als solche zum Gegenstand der Therapie gemacht werden, sondern dann, wenn ein Zusammenhang zum Kopfschmerz zu erkennen ist. Allerdings ist es wahrscheinlich, dass solche Bezüge nicht sofort erkennbar werden, sondern sich erst im Verlauf der Therapie herausstellen und dann eine Anpassung der Therapieziele erfordern. Hierbei ist darauf zu achten, dass Kopfschmerzen, die zeitgleich mit psychiatrischen Störungen auftreten, eine Ausnahme bilden, weil dann die psychiatrische Störung behandelt werden muss.

Lernbedingungen der Kopfschmerzen

Operante Konditionierung

In der Anamnese mit ihren verhaltensanalytischen Aspekten sollten die *Lernbedingungen der Kopfschmerzen* aufgeklärt werden. Auf solchen Erkenntnissen kann die Indikationsstellung für ein darauf bezogenes Behandlungsprogramm, z. B. die Kontingenzmanagementtherapie von Fordyce, abgeleitet werden. Tabelle 4 enthält eine Liste von Hinweisen und Fragen, die für eine Verhaltenanalyse der operanten Anteile herangezogen werden kann. Die Familie sollte einbezogen werden, sofern sie die Quelle von Verstärkung für Schmerzverhalten darstellt: *Gibt es in ihrer Familie jemanden, der sich ebenso wie Sie mit den Kopfschmerzen abplagen muss?*

Die meisten der so gewonnenen Erkenntnisse fließen in die Edukation des Patienten ein und sind hierfür notwendig, um dem Patienten eine plausible Erklärung seiner Schmerzen zu liefern. Der Patient soll insbesondere über die Auslösung von Schmerzen durch Stress und Konditionierungseffekte aufgeklärt werden und realistische Behandlungsziele bzw. Aktivitätssteigerungen anstreben.

Tabelle 4:
Merkmale für die Analyse der operanten Anteile chronischer Schmerzen (in Anlehnung an Fordyce, 1976)

Zeitliches Muster
Gibt es eine systematische Beziehung zwischen Tag und Nacht? Falls der Patient tagsüber Schmerzen hat, nachts aber durchschläft: *eher operanter Schmerz.* Variables und ausgedehntes Intervall zwischen Aktivität und Einsetzen der Schmerzen: *eher nicht operanter Schmerz.* Schmerzproblem tritt in Episoden mit Intervallen von Tagen, Wochen und Monaten dazwischen auf. Falls nicht systematisch mit Umweltereignissen korreliert: *eher nicht operanter Schmerz.*
Schmerzverhalten
Wenn die Menschen in der Umgebung des Patienten nicht sagen können, ob der Patient Schmerzen hat oder nicht: *eher nicht operanter Schmerz.*
Was lässt den Schmerz stärker werden?
Wenn Aktivitäten, die für den Patienten unabhängig vom Schmerzproblem aversiv sind, zu Schmerzen führen: *eher operanter Schmerz.* Wenn Aktivitäten sofort mit dem Auftreten von Schmerzen abgebrochen werden: *eher operanter Schmerz.*
Was lässt den Schmerz geringer werden?
Wenn Ruhe, Aufmerksamkeit von Dritten und Medikamente unmittelbar effizient die Schmerzen geringer werden lassen: *eher operanter Schmerz.*
Was machen andere Personen?
Am besten wäre Verhaltensbeobachtung. Mögliche Frage: *Wenn ich anwesend wäre, wenn Sie gerade Schmerz empfinden, was würde ich Sie tun sehen oder hören?* Wenn wichtige Bezugspersonen Schmerzäußerungen zunächst ignorieren, bei nachdrücklicherer Kundgabe dann aber mit Zuwendung bedenken: *eher operanter Schmerz.*
Tritt der Schmerz nach emotionalen Spannungen und Stress auf?
Es können Stressoren identifiziert werden, die Auslöser für Schmerzen sind oder die Schmerzen verschlimmern: *eher nicht operanter Schmerz.*
Welche Aktivitäten wurden früher, werden jetzt aber auf Grund der Schmerzen nicht mehr betrieben?
Im Einzelnen explorieren: berufliche Aktivitäten, Freizeitgestaltung, sexuelle Aktivitäten. Wenn diese Aktivitäten für sich genommen aversiv wären: *eher operanter Schmerz.*
Welche Aktivitäten würden entfaltet, wenn kein Schmerzproblem vorläge?
Hinter dieser Frage steckt auch das Konzept der fear-avoidance, also der Aktivitätsvermeidung, weil der Patient vermutet, dass eine körperliche Aktivität zu weiteren Schädigungen führt. Wenn solche Befürchtungen bestehen oder wenn die Aktivitäten aversiv wären: *eher operanter Schmerz.* Wenn die Aktivitäten sehr positiv, aber eigentlich nicht verfügbar sind (Wunschträume), so dass der Schmerz die Aufrechterhaltung des Wunschtraums ermöglicht: *eher operanter Schmerz.*

Fortsetzung Tabelle 4:

Was macht die Bezugsperson wegen der Schmerzen des Patienten nicht mehr?
Wenn der Patient vom auf Grund der Schmerzen veränderten Verhalten der Bezugsperson profitiert (z.B. der Partner *vagabundiert* nicht mehr herum): *eher operanter Schmerz.*
Welche Aktivitäten würde die Bezugsperson des Patienten entfalten, wenn der Patient kein Schmerzproblem mehr hätte?
Wenn die Bezugsperson Aktivitäten entfalten würde, die für den Patienten aversiv sind (z. B. wieder berufstätig werden): *eher operanter Schmerz.*
Welche Aktivitäten müsste die Bezugsperson entfalten, wenn der Patient kein Schmerzproblem mehr hätte?
Wenn diese Aktivitäten gegenüber den jetzigen keinen Gewinn darstellen: *eher operanter Schmerz.*

Schmerzverarbeitung

Schmerzverarbeitung

Beim Anamnesekomplex der *Schmerzverarbeitung* wird nach kognitiven, emotionalen und behavioralen Merkmalen der Schmerzverarbeitung gesucht. Die Frage: *Welche Gedanken haben Sie bei Kopfschmerzen, wenn diese beginnen oder wenn Sie befürchten, Kopfschmerzen zu bekommen?* gibt dem Therapeuten Aufschluss über das Ausmaß von Hilflosigkeit, der Neigung zum Katastrophisieren, Bagatellisieren oder einem unangemessenen Durchhalteappell. Die Nachfrage nach emotionalen Reaktionen auf die Schmerzen zielt auf ängstliche, aggressive oder depressive Verarbeitung der Schmerzen. Die motorisch-verhaltensmäßige Schmerzverarbeitung zeigt sich durch mehr oder weniger ausgeprägtes non-verbales Schmerzverhalten, durch die Vermeidung von körperlichen und sozialen Aktivitäten sowie durch ausgeprägtes Durchhalten ohne Rücksicht auf Erschöpfung und Ruhebedürfnis. Diagnostisch interessant sind Diskrepanzen aus verbalem Bericht und beobachtbaren Verhaltensweisen.

Stress, kognitiver und emotionaler Stil

Stress und Umgang mit Gefühlen

Dieses Thema kann der Psychotherapeut mit der Frage einleiten: *Geraten Sie öfters unter Stress? Schildern Sie doch bitte eine solche Situation!* Wenn dem Patienten dazu wenig einfällt – was nicht selten vorkommt –, kann der Psychotherapeut auch eine typische Stresssituation schildern und den Patienten bitten, sich in diese Situation hineinzufühlen. Dann wird nach Gedanken, Gefühlen und Verhaltensweisen gefragt: *Was tun Sie, wenn Ihnen die Situation über den Kopf zu wachsen droht?* Es sollten dann ergänzend weitere Situationen wie Zeitdruck, Umgang mit Herabsetzungen, Misserfolg im Beruf oder Konflikte in der Partnerschaft eruiert werden. Ein wichtiger Aspekt von Stressverarbeitung ist der Umgang mit Emotionen – insbesondere der Hemmung von expressivem Verhalten (*Zeigen Sie anderen Personen, wie Sie sich fühlen? Können andere Personen erkennen, welche Gefühle Sie haben? Wenn nein: Welche Reaktionen befürchten Sie?*) und Defizite in der Körperwahrnehmung *(Der eine bekommt vor lauter Aufregung feuchte Hände, dem anderen pocht das Herz bis zum Halse. Wie spüren Sie körperlich Ihre Gefühle?)*

Behandlungen und Selbstbehandlungen

Selbstbehandlungen erfragen!

Was haben Sie bisher gegen Ihre Kopfschmerzen unternommen? Es ist wichtig zu wissen, was der Patient bislang gegen seine Schmerzen unternommen hat und wie erfolgreich er damit war. Zunächst steht dabei meistens die medikamentöse Behandlung im Vordergrund. Es ist immer wieder überraschend zu hören, in welchem Ausmaß Medikamente eingenommen werden, obwohl ihre Wirksamkeit von den Patienten selber in Zweifel gezogen werden. Die Anamnese der bisherigen Behandlungen und der Anstrengungen zur Selbstheilung sollte sehr detailliert erfolgen. Beispielsweise ist es wichtig, bei der Anwendung von Entspannungstechniken zu erfahren, wie oft, wie intensiv und über welchen Zeitraum der Patient die Übungen gemacht hat.

Behandlungserwartungen

Was erwartet der Patient von der Therapie?

In ähnlicher Weise wie die subjektiven Theorien des Patienten den Behandlungsverlauf beeinflussen können, haben die Behandlungserwartungen einen großen Einfluss auf das therapeutische Geschehen. Die Frage: *Haben Sie selber eigene Vorstellungen davon, wie ich Ihnen bei der Bewältigung Ihrer Kopfschmerzen helfen kann?* wird Aufschluss über die Motivation zur Therapie ergeben. Der Therapeut kann diese Frage noch konkretisieren, in dem er über unterschiedliche Konzepte der Kopfschmerzbehandlung Auskunft gibt. Üblicherweise brauchen Patienten, die bislang ausschließlich in medizinischer Behandlung waren, ausführliche Erläuterungen zu den verschiedenen psychologischen Interventionen. Ergänzend sollte danach gefragt werden, ob der Patient bestimmte Erwartungen im Hinblick auf weitere diagnostische Maßnahmen hegt. Auch wenn solche Wünsche von psychologischen Konzepten unabhängig sind, enthalten sie manchmal Hinweise auf Behandlungserwartungen, die der Patient nicht direkt anzusprechen wagt. In diesem Zusammenhang sollte auch danach gefragt werden, wie der Patient seine Selbstwirksamkeit einschätzt: *Haben Sie eigentlich eher das Gefühl: Alles, was ich anpacke, gelingt mir auch, oder sagen Sie sich öfters: Das schaff' ich ja eh' nie!* und im Hinblick auf die Therapie: *Wie groß schätzen Sie Ihren eigenen Beitrag zur Therapie ein?*

Familie und Partnerschaft

Biografische und familiäre Aspekte des Leidens

Das Lebensfeld *Familie und Partnerschaft* ist nicht selten von Konflikten geprägt, aber gleichzeitig ist es ein wesentlicher sozialer Raum des Rückzugs, der Erholung und der Sicherheit, in dem andere Belastungen gepuffert werden. Insofern sollte der Therapeut danach fragen: *Wie würden Sie Ihre Familie – auch in emotionaler Hinsicht – beschreiben?* Durch die Frage: *Wie werden Sie von Ihren Angehörigen gesehen?* erfährt der Therapeut einiges über die sozialen Wechselwirkungen und Spannungen. Natürlich sollte gefragt werden: *Gibt es in Ihrer Familie aus dem gleichen Anlass heraus immer wieder Schwierigkeiten?* und mit der Aufforderung: *Versuchen Sie doch mal bitte zu beschreiben, wie Sie sich Ihre Wunschfamilie ausmalen!* erfährt der Therapeut, ob es spannungsreiche Diskrepanzen zwischen Realfamilie und einem Ideal gibt. Zentral ist oft die Partnerschaft und die dort gelebte Sexualität. Fragen nach Partnerschaft sind auch für Patienten ohne Familie oder mit gleichgeschlechtlichem Partner relevant und sollten nicht vermieden werden: *Fühlen Sie sich bei Ihrem Partner wohl, wenn es Ihnen schlecht geht und Sie umsorgt und getröstet werden wollen? Haben Sie den Eindruck, dass Ihre Beziehung durch sexuelle Spannungen überschattet wird?*

Freunde und soziales Netz

Hat der Patient ein stabiles soziales Netzwerk?

Der Therapeut kann nach dem sozialen Netzwerk fragen, das auch als Stresspuffer und Erholungsressource zu sehen ist. *Was tun Sie nach der Arbeit? Wie verbringen Sie Ihre Wochenenden?* könnten die Einstiegsfragen zu diesem Thema lauten. Die soziale Dimension ist hierbei von besonderer Bedeutung, nämlich ob der Patient auch fähig ist, dieses soziale Netz für sich zu gestalten: *Würden Sie von sich sagen, dass es Ihnen leicht fällt, auf andere Menschen zuzugehen? Wie wichtig sind Ihnen solche Kontakte?*

Berufssituation

Beruf und Schmerz

Ebenso wie die Familie kann das Arbeitsleben eine Quelle von Verdruss, Stress und Belastung sein oder identitätsstiftend sein oder dem Patienten das Gefühl geben, gebraucht zu werden. Viele soziale Kontakte ergeben sich aus dem Berufsleben. Die *Berufssituation* des Kopfschmerzpatienten ist deshalb in der Anamnese unter die Lupe zu nehmen. Eine offene Frage wie: *Beschreiben Sie mir doch mal, wie Ihre Arbeit aussieht!* ist ein geeigneter Einstieg. Der Therapeut sollte weiter klären, ob der Patient sich bei der Arbeit von den Kopfschmerzen behindert fühlt und wie sich das auswirkt. Oft ist die Sorge um den Arbeitsplatz ein Stressor ersten Ranges. *Wie würden Sie das Verhältnis zu Ihren Kollegen beschreiben?* lenkt die Aufmerksamkeit auf die Zufriedenheit mit der Arbeit, die hoch mit Arbeitsausfallzeiten korreliert. Auch die Frage nach Arbeitslosigkeit sollte ggf. gestellt werden: *Wie kommen Sie mit Ihrer Arbeitslosigkeit zurecht? Was macht Ihnen dabei am meisten zu schaffen?*

3.2 Diagnostik nach IHS (International Headache Society)-Kriterien

Eine gute Hilfe für die deskriptive Diagnostik von Kopfschmerzen bietet ein Computerprogramm *Leitsymptom Kopfschmerz* (Göbel & Soyka, 1993). Dieses Diagnoseprogramm erlaubt die systematische, standardisierte und objektive Erfassung der Kopfschmerzcharakteristika auf der Grundlage der Kriterien der International Headache Society (IHS).[1] Ziel des Programmes ist es, diese Klassifikation für die Praxis zugänglich zu machen, wobei sowohl eine Zeitersparnis bei der Erfassung der Kopfschmerzphänomenologie und gleichzeitig ein Mehr an Information und diagnostischer Sicherheit realisiert werden sollen. Da die IHS-Kopfschmerzklassifikation für die Phänomenologie der verschiedenen Kopfschmerztypen exakte operationalisierte Kriterien angibt, können diese unschwer in einen Computeralgorithmus überführt werden, der die systematische Befragung des Patienten erlaubt.

Ein Computerprogramm hilft weiter. Wer es nicht hat, muss zurück zu Kapitel 1!

Ein Vorteil dieser qualitativen und quantitativen Kopfschmerzanalyse mit Hilfe eines PC-Programmes ist eine spezifische Befunderhebung. Sie hilft auch dem weniger mit medizinischen Diagnosen erfahrenen Therapeuten zu einer genauen Zuordnung der Kopfschmerzstörung. Der Einsatz des Programmes ist einerseits im Rahmen einer orientierenden standardisierten Vordiagnostik möglich. Dadurch liegt dem Arzt der ausführliche Befund der Kopfschmerzphänomenologie bei Beginn des persönlichen Gespräches vor. Somit wird eine gezielte und zeitsparende Exploration ermöglicht.

Eine weitere Hilfe ist das Programm andererseits auch, wenn die Anamnese nicht sicher klären kann, ob die Kriterien einer primären Kopfschmerzform erfüllt sind oder nicht. Bei einer begründeten Verdachtsdiagnose kann über die selektive Analyse vom Computer eine differenzierte Beschreibung und Analyse der Kopfschmerzphänomenologie vorgenommen werden und damit eine objektive Befundevaluation erfolgen. Das Programm macht die Diagnostik primärer Kopfschmerzen transparenter, ermöglicht das Einüben der derzeit gebräuchlichen Kopfschmerzklassifikation und untermauert damit die klinische Erfahrung.

Zusätzlich zu den eigentlichen diagnostischen Funktionen enthält das Programm Formulare für ein Kopfschmerztagebuch und die Möglichkeit der Dokumentation von Tagebuchdaten. Die gewonnenen Daten können menügesteuert in einen Befundbrief umgesetzt werden, der die Kommunikation mit anderen Schmerztherapeuten erleichtert.

---

1 Das derzeitige Diagnoseprogramm Leitsymptom Kopfschmerz bezieht sich auf die ältere IHS-Klassifikation und wird nicht mehr vertrieben. Prof. Dr. H. Göbel aus Kiel erarbeitet im Auftrag der IHS eine neue Version dieses Programms, die voraussichtlich demnächst auf der Website www.kopfschmerzzentrum.de bereit gestellt wird.

3.3 Schmerzskalen

Der FESV misst die kognitive und die behaviorale Schmerzbewältigung, sowie die schmerzbedingte psychische Beeinträchtigung

Der *Fragebogen zur Erfassung der Schmerzverarbeitung* (FESV, Geissner, 2001) misst das Bewältigungsrepertoire sowie die mit Schmerzen in Zusammenhang stehenden psychischen Beeinträchtigungen bei Patienten mit einer länger andauernden oder häufig wiederkehrenden Schmerzproblematik. Basierend auf international üblich gewordenen Konzepten zu Schmerzerleben und -verarbeitung wurden drei Grundkomponenten und neun Einzeldimensionen ermittelt: Kognitive und behaviorale Schmerzbewältigung (Bogen BW) sowie schmerzbedingte psychische Beeinträchtigung (Bogen BE).

Die kognitive Schmerzbewältigung besteht dabei aus den Dimensionen *Handlungskompetenzen, kognitive Umstrukturierung* und *Kompetenzerleben.* Behaviorale Schmerzbewältigung setzt sich aus den Dimensionen *mentale Ablenkung, gegensteuernde Aktivitäten* sowie *Ruhe- und Entspannungstechniken* zusammen. Schmerzbedingte psychische Beeinträchtigung umfasst die Subskalen *schmerzbedingte Hilflosigkeit und Depression, schmerzbedingte Angst und schmerzbedingter Ärger.* Der FESV ist ein an verschiedenen Schmerzpopulationen erprobtes und normiertes diagnostisches Verfahren mit sehr guten Testgüteeigenschaften. Die im Handbuch mitgelieferten Normen (T-Werte und Prozentränge), Differenz- (T-Werte für 6-Monatskatamnese) und Effektstärkenangaben ermöglichen eine klinisch relevante Interpretation der Eingangsdiagnostik und der therapeutisch bedingten Veränderung. Die Bearbeitungsdauer durch den Patienten beträgt etwa 10 Minuten.

Die subjektive Seite des Schmerzes kann man mit der SES erfassen

Die *Schmerzempfindungs-Skala* (SES, Geissner, 1996) dient der Schmerzmessung und -diagnose im klinischen Einzelfall ebenso wie der Evaluation medikamentöser, psychologischer und physikalischer Schmerzbehandlung. Auf Grund der kurzen Bearbeitungs- und Auswertungsdauer von etwa fünf Minuten kann das Verfahren auch problemlos in umfangreichere klinische Untersuchungsverfahren aufgenommen werden.

Die SES ist sehr kurz!

Das Verfahren erlaubt die Messung und differenzierte Beschreibung der subjektiv wahrgenommenen Schmerzen. Der Fragebogen besteht aus 24 Items, die sich 5 Teilskalen zuordnen lassen. Zwei Skalen beschreiben affektive Merkmale der Schmerzempfindung: *allgmeine affektive Schmerzangabe* und *Schmerzangabe der Hartnäckigkeit.* Werden beide Merkmale aufsummiert, bildet man eine Globalskala *SES-affektiv.* Die weiteren drei Schmerzskalen beschreiben sensorische Aspekte der Schmerzempfindung: *sensorische Schmerzangabe der Rhythmik, sensorische Schmerzangabe des lokalen Eindringens* und *sensorische Schmerzangabe der Temperatur.* Die drei Merkmale bilden aufsummiert die Globalskala *SES-sensorisch.* Der Test ist einfach anwendbar, da Instruktion und Items auf nur einem Bogen angeordnet sind. Trotz der Kürze der Skala wurden hohe Koeffizienten für die Retest-Reliabilitäten zwischen .89 und .96 erzielt. Die Reliabilitätskoeffizienten (Cronbachs Alpha) liegen zwischen .72 und .92. Die Validität ist an mehreren Schmerzgruppen und bei unterschiedlichen Therapiemaßnahmen erhoben. Es liegen allgemeine Normwerte für die beiden Globalskalen (N = 1048) und für die drei sensorischen Teilskalen vor. Darüber hinaus werden spezielle Normwerte für einige Krankheits- und Schmerzlokalisationsgruppen angegeben. Der Test kann zwischen 16 und 80 Jahren eingesetzt werden.

Das Kieler Schmerzinventar dient der standardisierten Erfassung der individuellen Schmerzverarbeitung auf emotionaler, kognitiver und Verhaltensebene

Das *Kieler Schmerzinventar* (KSI, Hasenbring, 1994) kann bei Patienten ab 17 Jahren in der Schmerztherapie und -diagnostik eingesetzt werden. Es besteht aus drei Selbstbeurteilungsinstrumenten zur standardisierten Erfassung der individuellen Schmerzverarbeitung auf emotionaler, kognitiver und Verhaltensebene. Der erste Teil erfasst mit 15 Items die emotionale Schmerzverarbeitung (ERSS) anhand der Skalen *Angst/Depressivität, Gereizte Stimmung* und *Gehobene Stimmung*. Ein zweiter Teil, bestehend aus 34 Items, erfasst schmerzbezogene Kognitionen (KRSS) anhand der Skalen *Hilf- und Hoffnungslosigkeit, Behinderung, Katastrophisieren, Durchhalteappell, Bagatellisieren, Coping-Stil* und *psychische Kausalattribution*. Im dritten Teil des Kieler Schmerzinventars werden mit 68 Items Aspekte der Schmerzbewältigung erfasst. Folgende Skalen repräsentieren diese schmerzbezogenen Kognitionen und Verhaltensweisen (CRSS): *Vermeiden sozialer Aktivitäten, Vermeiden körperlicher Aktivitäten, Durchhaltestrategien, nichtverbales Ausdrucksverhalten, direkte Bitte um soziale Unterstützung, entspannungsfördernde Ablenkung, passive* und *aktive Maßnahmen*.

Die Zuverlässigkeit des Tests ist an verschiedenen Stichproben untersucht worden: Die internen Konsistenzen liegen für den ERSS zwischen .85 und .91, für den KRSS zwischen .78 und .91 und für den CRSS in den zentralen Skalen zwischen .73 und .91. Über die Reliabilität hinaus wurde die Validität untersucht: Im Handbuch liegen Ergebnisse zur konvergenten und divergenten sowie zur Vorhersagevaliditát vor, aus denen erste Hinweise für günstige, d. h. gesundheitsfördernde und für ungünstige Verarbeitungsformen hervorgehen, die im Sinne von Risikofaktoren für eine Chronifizierung interpretiert werden können.

Als Normen des KSI liegen Vergleichswerte aus mehreren klinischen Stichproben von Patienten mit akuten oder chronischen Schmerzen unterschiedlicher Lokalisation vor. Die Skalen werden von Patienten gerne beantwortet, weil sie direkt auf das Schmerzgeschehen bezogen sind und die Bearbeitungsdauer insgesamt unter einer halben Stunde liegt. Neben der Möglichkeit zur diagnostischen Einschätzung und zur Kontrolle des Therapieerfolgs bieten die Items im therapeutischen Rahmen reichlich Material für kognitiv-behaviorales Vorgehen.

Der *Deutsche Schmerzfragebogen der Deutschen Gesellschaft zum Studium des Schmerzes (DGSS)* wird seit 1993 auf der Grundlage von Fragebogen

Einfach von der DGSS-Website herunterladen und auf dem neuesten Stand sein!

verschiedener deutscher Arbeitsgruppen entwickelt. Die Konzeption des gemeinsamen Fragebogens für Schmerzpatienten bildete den Ausgangspunkt aller Bemühungen zur Standardisierung und Qualitätssicherung in Diagnostik und Therapie chronischer Schmerzerkrankungen. Der Fragebogen erfasst daher neben biografischen Daten Angaben über relevante somatische, psychische und soziale Aspekte der Schmerzkrankheit. Neben einer ausführlichen Schmerzbeschreibung werden auslösende oder das Erleben und Verhalten des Schmerzpatienten modulierende bzw. aufrechterhaltende psychologische und soziale Bedingungen im Sinne eines Screenings erfasst. Die psychosoziale Diagnostik erfolgt dabei parallel zur somatischen, und beide ergänzen sich zu einem Gesamtbild der Störung.

Der Fragebogen der DGSS besteht aus folgenden, zur Erfassung einer Schmerzproblematik wesentlichen Modulen:
- Identifizierende Daten zur Person; Krankenversicherung, Hausarzt, etc.
- Eine ausführliche subjektive Schmerzbeschreibung (Lokalisation, Charakteristik, zeitlicher Verlauf, Intensität etc.)
- Schmerzlindernde und -verstärkende Bedingungen, Begleitsymptomatik
- Die Schmerzempfindungsskala (SES, s. o.)
- Krankheitsverlauf inkl. bisherige Behandlungen, Medikamenteneinnahme und behandelnde Institutionen
- Medizinische Komorbidität
- Ausmaß depressiver Symptomatik, gemessen mit der Allgemeinen Depressionsskala (ADS)
- Erfassung der schmerzbedingten Beeinträchtigung durch den Pain Disability Index (PDI)
- Schul-/Berufsausbildung, derzeitige Arbeitssituation und Rentenstatus; privater sozialer Status
- Einschränkungen der gesundheitsbezogenen Lebensqualität (Short-Form-36)

Die Überprüfung des DGSS Fragebogens im Rahmen einer Multizenterstudie mit insgesamt 3294 Patienten aus orthopädischen Praxen, Schmerzschwerpunktpraxen, Schmerzambulanzen sowie Schmerzzentren bestätigte die Validität des Fragebogens. Die Zeitdauer für die Bearbeitung des Fragebogen war sehr variabel, sie betrug im Median 90 Minuten. Der Deutsche Schmerzfragebogen der DGSS ist damit ein gut überprüftes Instrument zur Erfassung der wesentlichen Aspekte chronischer Schmerzerkrankungen.

Neben dieser guten empirischen Fundierung bietet der Fragebogen gegenüber anderen Instrumenten weitere Vorteile: Die Einbindung standardisierter psychometrischer Tests (SES, ADS, PDI, SF-36) erlaubt einen Vergleich mit Normalpopulationen und zwischen unterschiedlichen Gruppen von Schmerzpatienten. Die Bestimmung des Ausmaßes der Schmerzchronizität ist in der Diagnostik- und Therapieplanung von entscheidender Bedeutung. Der Fragebogen erfasst auch die medizinische Komorbidität. Die

Angaben bilden eine solide Grundlage für die notwendige ausführliche medizinische Anamnese. Behinderungen und Einschränkungen durch die Schmerzerkrankung (z. B. Arbeitsunfähigkeit) werden ebenso wie das Ausmaß von vorausgegangenen Behandlungen (z. B. stationäre Therapien) in Bezug auf einen definierten Zeitrahmen erfragt. Nur so ist einerseits eine wirkliche Einordnung des Ausmaßes der Konsequenzen der Schmerzerkrankung möglich und andererseits eine Vergleichbarkeit mit anderen Patientenkollektiven gegeben. Schließlich steht eine PC-gestützte Version des Fragebogens zur Verfügung. Auswertung und Verfügbarkeit der umfangreichen Informationen des Fragebogens sind damit wesentlich erleichtert (Website siehe Anhang, S. 102).

Beeinträchtigung des Alltags durch Schmerzen

Die Beeinträchtigung des Alltags durch Schmerzen ist ein wesentlicher Prädiktor für die Chronizität und sollte bei der Therapieplanung berücksichtigt werden. Hierfür gibt es mehrere spezifische Skalen und Fragebögen zur Lebensqualität (beispielsweise der SF 36, der auch im DGSS Fragebogen enthalten ist). Hier soll knapp die ins Deutsche übersetzte Version des *Pain Disability Index* (PDI, Dillmann et al., 1994) vorgestellt werden. Dieser Fragebogen wurde speziell für chronische Schmerzpatienten konzipiert und erfasst das Ausmaß schmerzbedingter subjektiver Beeinträchtigung bzw. Behinderung. Anhand von sieben Items wird die Beeinträchtigung durch die Schmerzen in folgenden Bereichen erfasst:
- Familiäre und häusliche Verpflichtungen
- Erholung
- Soziale Aktivitäten
- Beruf
- Sexualleben
- Selbstversorgung
- Lebensnotwendige Tätigkeit

Für jeden Bereich schätzt der Patient seine subjektive schmerzbedingte Beeinträchtigung auf einer Rating-Skala von 0 (keine Behinderung) bis 10 (völlige Behinderung) ein. Für die PDI Werte liegen auch Vergleichsdaten von N = 284 chronischen Schmerzpatienten vor, die eine Zuordnung zu drei Chronifizierungsstadien ermöglichen.

3.4 Multiaxiale Schmerzklassifikation – MASK

Das Beste vom Besten für die psychologische Schmerzdiagnostik: MASK-P

Die Klassifikation und Beschreibung chronischer Schmerzen folgt den Formalisierungen verschiedener medizinischer Disziplinen (siehe Kapitel 1 und die Hinweise zum Computerprogramm LKS). Um diesen Mangel an einem einheitlichen Beschreibungssystem zu beheben, wurde durch eine Initiative um Regine Klinger aus Hamburg im Namen der Deutschen Gesellschaft zum Studium des Schmerzes eine *Multiaxiale Schmerzklassi-*

fikation – MASK (Klinger et al., 2000) entwickelt. MASK gliedert sich in einen somatischen (MASK-S) und einen psychologischen Teil. Der somatische Teil enthält einen Diagnosenkatalog für einzelne Schmerzsyndrome und ein Achsensystem zur Verschlüsselung medizinisch somatischer Informationen.

Die Psychosoziale Dimension der Multiaxialen Schmerzklassifikation, MASK-P, ermöglicht dem Diagnostiker eine deskriptive Erfassung psychosozialer Variablen auf 10 Beschreibungsachsen.

Beschreibungsachsen der MASK-P Diagnostik	
Achse 1	Motorisch-verhaltensmäßige Schmerzverarbeitung
Achse 2	Emotionale Schmerzverarbeitung
Achse 3	Kognitive Schmerzverarbeitung
Achse 4	Krankheitsbezogene Metakognitionen
Achse 5	Aktuelle Stressoren
Achse 6	Belastungen in der Lebensgeschichte
Achse 7	Habituelle Personen-Merkmale
Achse 8	Maladaptive Stressverarbeitung
Achse 9	Psychophysiologische Dysregulation
Achse 10	Konfliktverarbeitungsstil

MASK-P folgt einem theorieübergreifenden Verständnis der Schmerzmechanismen

Im Gegensatz zu den meisten verbreiteten Beschreibungssystemen enthält MASK-P erfreulicherweise die logische Verknüpfung im Sinne funktionaler Zusammenhänge dieser deskriptiven Merkmale auf der Diagnosenachse 11, die die eigentliche MASK-P-Diagnose darstellt und für die Indikation einer therapeutischen Intervention am wichtigsten ist: Funktionale Zusammenhänge. Die funktionellen Zusammenhänge integrieren jeweils die unter den beschreibenden Achsen 1 bis 10 ausdifferenzierten Auffälligkeiten. Der Gesamtaufbau findet sich im Bogen von MASK-P wieder, auf dem das Ergebnis der Diagnostik eingetragen werden kann (siehe Anhang, S. 106).

Die Diagnostik nach MASK-P ist theoriegeleitet. Verhaltenstheoretische Überlegungen, die ursprünglich im Vordergrund standen, wurden durch tiefenpsychologische und systemtheoretische Annahmen ergänzt. Das diagnostische Konzept basiert auf der operanten Schmerztheorie, der Coping-Forschung und behavioral-kognitiven Annahmen zum Stress und umfasst emotionale und kognitive Schmerzverarbeitung, krankheitsbezogene Metakognitionen, aktuelle Stressoren und maladaptive Stressverarbeitung. Die Formulierung der Achse *Habituelle Personenmerkmale* basiert auf der kognitions- und lernpsychologisch begründeten differenziellen Psychologie. Die *Funktionellen Zusammenhänge* beruhen auf den zentralen Konzepten der Konditionierung sowie auf psychobiologischen Konzepten der Schmerzchronifizierung. Diskrepanzen zwischen dem Diagnostiker und der Sichtweise des Patienten werden in der MASK-P Diagnostik ausdrücklich bewertet, da dies unmittelbar Konsequenzen für die Motivation des Patienten zur Verhaltensänderung hat. Das Klassifikationsschema MASK-P stellt die unmittelbarste diagnostische Umsetzung der in Kapitel 2 beschriebenen Störungsmodelle für Kopfschmerzen dar.

3.5 Das Schmerztagebuch

Schmerztagebuch: Die Basis der psychologischen Schmerzbehandlung

Schmerztagebücher dienen in der Verhaltensanalyse und -therapie chronischer Schmerzen als Datenbasis für die Diagnose, die Beobachtung des Therapieverlaufs und die Therapiekontrolle. Sie fördern die systematische Selbstbeobachtung von Schmerzen im Zeitverlauf nach Intensität und Lokalisation. Darüber hinaus können zeitsynchron schmerzrelevante Informationen gesammelt werden, die mit dem Schmerzgeschehen korrelieren oder Auslöser bzw. aufrechterhaltende Bedingungen der Schmerzen sind.

Die Analyse von Zusammenhängen macht das Schmerztagebuch möglich

Häufig können akute Kopfschmerzen eindeutig diagnostiziert und mit Hilfe einer adäquat zugewiesenen medikamentösen Therapie behandelt werden. Problematisch wird es, wenn Schmerzen lange andauern und organische wie psychische Ursachen nicht oder zunächst nur unzureichend erkannt werden können. Für einen psychologischen Schmerztherapeuten ist es in einem solchen Fall nicht einfach, eine geeignete Therapie einzuleiten oder zu empfehlen. Dies gilt vor allem dann, wenn wenige oder keine Informationen über die Variation der Kopfschmerzen, Auslöser und Konsequenzen von Schmerzepisoden aus dem Alltag der Patienten vorliegen. Zwar versucht man im Erstinterview oder in der Verhaltensanalyse derartige Informationen zu gewinnen, gelangt aber schnell an Grenzen, denn solche Zusammenhänge sind ohne eine systematische Beobachtung meist nicht erkennbar. Deshalb werden zunehmend Schmerz- und Aktivitätstagebücher zur gezielten Selbstbeobachtung der Patienten und zur Unterstützung der Verhaltensanalyse bei chronischen Schmerzen verwendet (siehe Jacob et al., 1995). Schmerz- und Aktivitätstagebücher sind Selbstberichte von Patienten, die den zeitlichen Verlauf des Schmerzgeschehens und damit verbundene Aspekte abbilden.

Jeder Stadt ihr Schmerztagebuch – Ulm auch!

In den vergangenen Jahren wurde eine Vielzahl von symptomspezifischen Schmerztagebüchern (Tübinger, Kieler oder Ulmer Kopfschmerztagebuch) und unspezifischen (Heidelberger Schmerztagebuch) entwickelt und in der psychologischen Schmerzforschung und Therapie eingesetzt. Diese Tagebücher unterscheiden sich nach grafischem Aufbau und Informationsfülle, die über Tage hinweg differenziert gesammelt wird: Schmerzsymptome, Intensität der Kopfschmerzen, Alltagsstress, Stimmung, Alltagsaktivitäten etc.

1. Erfassung der Schmerzsymptomatik
Meist im Anschluss an eine Schmerzattacke oder täglich oder in Zeitintervallen alle 1 bis 4 Stunden nach Intensität, Verlauf/Dauer, Symptomqualität und -quantität, sowie Lokalisation der Schmerzen.
2. Erfassung schmerzrelevanter Parameter
Die Erfassung erfolgt in zeitlich ähnlichem Raster wie oben nach Medikation, Auslösern für Schmerzen, Schmerzverhalten, Alltagsaktivitäten, Stimmung und Stress. Für die verschiedenen schmerzrelevanten Parameter können standardisierte Skalen verwendet werden, beispielsweise der Alltagsbelastungsfragebogen (Traue et al., 2000) für den alltäglichen Stress oder Pictogrammskalen für die Dauer der Tagesaktivitäten für Arbeit und Hausarbeit, Essen, Körperpflege, Lesen-Fernsehen-Musik, Sport und Spazierengehen, Handarbeit, Ausgehen und Schlafen.

Als Beispiel kann das Ulmer Schmerztagebuch dienen (Hrabal et al., 1991; Jacob et al., 1995, siehe Abbildung 1). Dieses Schmerztagebuch kann durch den modularen Aufbau an spezifische diagnostische Bedürfnisse angepasst werden und fördert dadurch in besonderer Weise die systematische Selbstbeobachtung des Patienten bezüglich seiner Schmerzen, Stimmungen, Alltagsaktivitäten (siehe Abbildung 2) und seines Medikamentenkonsums nach Intensität, Ort und zeitlichem Tagesverlauf.

Das Ulmer Schmerztagebuch für Forschung und Praxis

Auf ein Problem soll hier hingewiesen werden: Wer seine Patienten Tagebuch führen lässt, muss sich auch fragen, warum, wie lange und was tun mit den Eintragungen? Zur Diagnostik, zur Verbesserung der therapeutischen Kooperation am Beginn der Therapie und zur Übernahme eines aktiv-selbstverantwortlichen Verständnisses der Patientenrolle reichen zwei Wochen Protokollführung aus. Zur Erfassung möglicher Zusammenhänge zwischen Kopfschmerzen und auslösenden, begleitenden oder nachfolgenden Faktoren ist ein längerer Zeitraum notwendig, weil manche Ereignisse nur selten auftreten; aber in der Regel auch nicht länger als vier Wochen. Wenn der Therapeut das Tagebuch beim Patienten mit dieser Zielsetzung einführt, sollte er die Informationen auch nutzen. Dafür reicht die Durchsicht der Protokollierungen meist nicht aus, sondern es bedarf einer zumindest minimalen statistischen oder grafischen Aufbereitung, um gültige Aussagen aus den Protokollen ableiten zu können (– um gar nicht von komplizierten Auswertungsmethoden wie Zeitreihenstatistik zu sprechen, bei deren Anwendung der Informationsgehalt der Tagebücher erst richtig ausgeschöpft werden könnte). Sinnvoll ist das *kontinuierliche* Tagebuchführen zur Verlaufskontrolle der Therapie mit einfachen Formularen, in denen lediglich Stärke und Dauer der Kopfschmerzen und die Einnahme von Medikamenten festzuhalten sind.

Tragen Sie hier bitte ein, wo die Kopfschmerzen aufgetreten sind.

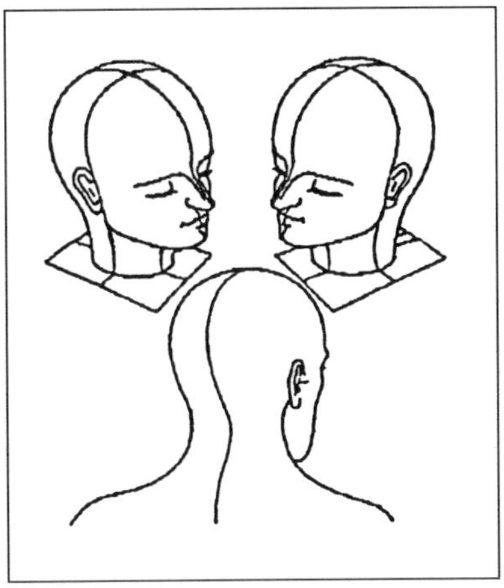

Kreuzen Sie hier bitte an, welche Symptome aufgetreten sind.

	vor	während	ohne KS
Druckgefühl			
Übelkeit			
Erbrechen			
Sehstörungen			
Lichtempfind-lichkeit			

Wie sind die Schmerzen aufgetreten?

plötzlich ☐ allmählich ☐

Uhrzeit	Schmerzstärke						Schmerzmittel	Dosierung
	0	1	2	3	4	5		
Vorabend 20–24 Uhr								
00–06 Uhr								
06–08 Uhr								
08–10 Uhr								
10–12 Uhr								
12–14 Uhr								
14–16 Uhr								
16–18 Uhr								
18–20 Uhr								

(0 = keine Schmerzen, 5 = unerträgliche Schmerzen)

Andere Medikamente: ______________________

Abbildung 1:
Die Tagebuchseite für Schmerzangaben aus dem Ulmer Schmerztagebuch
(nach Jacob et al., 1995)

Uhrzeit	Beruf Arbeit	Essen	Körperpflege	Lesen Fernsehen Musik	Spazierengehen Sport	Handarbeiten Werken	Ausgehen Treffen Gespräche	Schlafen Ruhe	Sonstiges
00–06								*4 Std.*	
06–08		*50 Min.*	*30 Min.*						
08–10				↓					
10–12				↓					
12–14		↓							
14–16								*90 Min.*	
16–18		↓		↓					
18–20		↓		↓					
20–22				↓					
22–24								*1 Std.*	

Abbildung 2:
Die Tagebuchseite für Alltagsaktivitäten aus dem Ulmer Schmerztagebuch
(nach Jacob et al., 1995)

3.6 Psychophysiologische Diagnostik

Leider sind psychophysiologische Methoden der Diagnostik in der Praxis wenig verbreitet

Im Idealfall sollte die Indikationsstellung für psychophysiologische und physiotherapeutische Therapieverfahren (Biofeedback, Entspannung etc.) auf einer die fraglichen Parameter objektivierenden Diagnostik basieren. Obgleich die Modelle zur Ätiologie der unterschiedlichen Kopfschmerzen verschiedene physiologische Systeme einbeziehen, sind im Wesentlichen nur diagnostische Verfahren der Verspannungs- und Stressdiagnostik für den klinischen Alltag verfügbar.

Messung der Muskelspannung

Mit dem PC-gesteuerten *EMG-Scanning* wird unter standardisierten Bedingungen an definierten Punkten des Körpers links und rechts der Körpermitte das Oberflächen-Elektromyogramm gemessen (Traue & Kessler, 1992). Praktisch gesehen, misst man beim EMG-Scanning mit einem fixierten Elektrodenpaar an Körperpunkten, die am Bildschirm angezeigt werden, das EMG durch einen Tastendruck für zwei Sekunden, nachdem man die analoge Amplitude des EMG verfolgt hat und die Werte sich nach Aufsetzen der Elektroden stabilisiert haben. Danach werden die Patientendaten mit den vorhandenen Normwerten von Gesunden verglichen und als signifikante Abweichungen tabellarisch und grafisch markiert. Nach der Messung wird automatisch ein Protokoll mit Tabelle, Abbildung und Kommentar erzeugt. Das System ist anderen EMG-Methoden überlegen, weil nicht einzelne isolierte Muskelspannungen herausgegriffen werden, sondern ein Muster der betreffenden Körperregion (hier des Kopfes, Nacken und der Schultern) unter Berücksichtigung der Körperhaltung und möglicher Asymmetrien gebildet wird. Um die EMG-Messungen zeitökonomisch zu gestalten, kann eine Scanning-Sequenz ausgewählt werden, die zum jeweiligen Schmerzproblem passt. Im Falle von Kopfschmerzen benutzt man die Vorgabe der Muskelpartien von Kopf, Nacken und Schultern. Ein erheblicher Vorteil sind die im System enthaltenen Vergleichsnormen, mit denen für den einzelnen Patienten festgestellt werden kann, in welchem Ausmaß seine Muskeln verspannt sind.

Stressprofiling

Trotz aller Vorteile: Mit dem EMG-Scanning kann man zwar das allgemeine Ausmaß an muskulären Verspannungen messen, dieses aber nur punktuell, d. h. nicht in Abhängigkeit von Situationen. Ein standardisiertes Verfahren dafür ist das *Stressprofiling*, mit dem, je nach Geräteausstattung, auch mehrere psychophysiologische Parameter in Abhängigkeit von Stressoren erfasst werden können. Beim psychophysiologischen Stressprofiling werden über Bildschirm oder auditive Anweisungen standardisierte und persönlich relevante Stressoren vorgegeben. Mit dieser Methode werden psychophysiologische Reaktionen im Sinne einer Reaktionsspezifität diagnostiziert. Prinzipiell kann ein psychophysiologisches Stressprofiling mit jeder entsprechenden psychophysiologischen Laboreinrichtung erfolgen. Für den klinischen Alltag sind aber PC-gestützte Systeme besser geeignet, mit denen die Messungen unter standardisierten Bedingungen erfolgen und eine rasche Verarbeitung und Beurteilung der gewonnenen physiologischen Reaktionen vorgenommen werden kann. Konzentriert man sich nur auf die Muskelverspannungen, werden EMG-Ableitungen an den Körperbereichen vorgenommen, die für die Symptomatik bzw. Schmerzlokalisation von Bedeutung sind (z. B. M. trapezius oder M. frontalis). Neben standardisierten Stressoren (Rechenaufgabe, Alphabet rückwärts aufsagen, manuelle Aufgaben) werden individuelle Stressoren eingesetzt, zum Beispiel ein Bericht über die letzte Schmerzattacke. Die Daten werden anschließend tabellarisch und grafisch aufgearbeitet. Die Analyse der gewonnenen Daten erlaubt nun mögliche stressbedingte Auslöser für EMG-Anstiege zu identifizieren und in einen Therapieplan zu überführen.

Das Stressprofiling misst die Stressreagibilität unter Laborbedingungen. Das eigentliche Interesse gilt natürlich den physiologischen Reaktionen unter Alltagsbedingungen, die jedoch ungleich schwieriger zu erfassen sind.

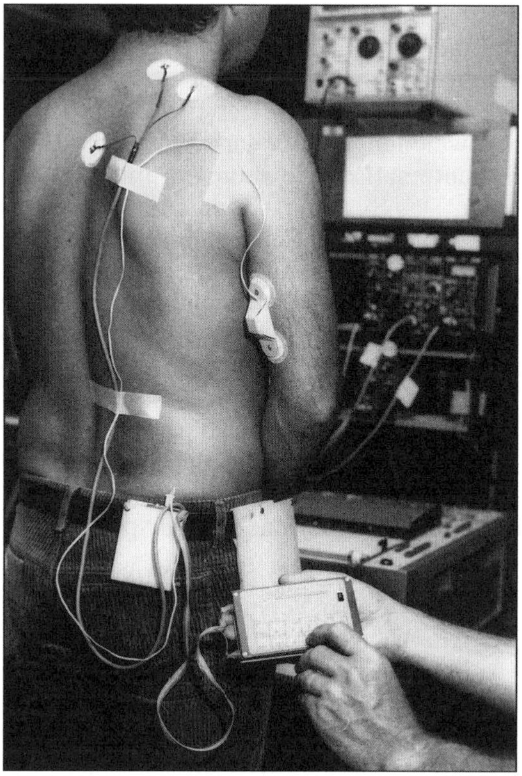

Abbildung 3:
Portables Biofeedbacksystem der Fa. Maus/Ludwigshafen. Es wird bei dieser Anordnung das EMG der Schulter/Nackenmuskulatur abgeleitet. Über die Steuereinheit rechts unten können Verhaltensmarkierungen zum EMG-Verlauf vorgenommen werden. Über Vibrationssignale am rechten Oberarm können auch Rückmeldungen an den Patienten erfolgen.

Tragbare Geräte messen im Lebensalltag der Patienten

Portable EMG-Systeme können muskuläre Dysfunktionen als Korrelat von Verhalten im Alltag der Patienten messen (Bischoff & Dahlinger, 1993). Voraussetzung dafür sind Geräte, die eine synchronisierte Erfassung von Alltagsaktivitäten und elektromyografische Messungen ermöglichen. Inzwischen bieten mehrere Firmen auch für den klinischen Gebrauch Systeme an, mit denen kontinuierlich EMG-Verläufe registriert und anschließend PC-gestützt analysiert und die sogar für die Biofeedbacktherapie im Alltag eingesetzt werden können (siehe Abbildung 3).

Neben den hier genannten psychophysiologischen Untersuchungsmethoden gewinnen in der Migränediagnostik bildgebende Verfahren (PET, MRT u. a.) und Untersuchungen von Parametern des EEG in Abhängigkeit von der Verarbeitung psychischer Reize an Bedeutung (de Tammaso et al., 1999). Die Myogenie von Muskelschmerzen wird mit Druckalgesimetrie, Tastbefunden und spezifischen Verfahren der Elektromyografie untersucht.

Zu nennen wären noch die Diagnostik der exterozeptiven Hemmung im M. masseter oder temporalis und die Untersuchung von Frequenzverschiebungen im Roh-EMG unter Belastung des Muskels zur Operationalisierung von Muskelermüdung. Alle diese Verfahren werden derzeit aber nur in entsprechend mit Labortechnologie ausgerüsteten Einrichtungen verwendet und sind nicht allgemein verfügbar.

3.7 Unspezifische psychometrische Verfahren

Patienten mit Kopfschmerzen haben auch sonst eine Psyche!

Neben den schmerzspezifischen psychometrischen Instrumenten werden bei der Diagnostik und Veränderungsmessung andere psychometrische Tests benötigt, die allgemeine Zusammenhänge mit der Schmerzstörung aufdecken oder spezielle Aspekte der Ätiologie erfassen. Je nach Organisation der therapeutischen Arbeit in Praxis oder Klinik können diese psychometrischen Verfahren vor Beginn der eigentlichen Diagnostik vom Patienten ausgefüllt werden und nach Auswertung dem Therapeuten Hinweise auf besondere Problembereiche geben. Beispielsweise kann eine hohe Leistungsorientierung im FPI auf eine Überlastung im Beruf hindeuten, was dann in der Anamnese besonders eruiert werden kann. Oder es zeigt sich, dass der Patient Schwierigkeiten hat, seine Gefühle zu zeigen. In der Anamnese sollte dann geklärt werden, ob sich daraus auch Defizite im Umgang mit sozialen Stressoren ergeben. Die hier genannten Verfahren sind nur eine Auswahl.

Als Persönlichkeitstest ist wegen seiner besonderen Dimensionsstruktur das *Freiburger Persönlichkeitsinventar* (FPI-R, Fahrenberg et al., 2001) für Jugendliche und Erwachsene zu nennen. Bei der nun vorliegenden revidierten Testform (FPI-R) umfasst es 138 Items, die sich zu folgenden Skalen zusammensetzen: *Lebenszufriedenheit, Soziale Orientierung, Leistungsorientierung, Gehemmtheit, Erregbarkeit, Aggressivität, Beanspruchung, Körperliche Beschwerden, Gesundheitssorgen, Offenheit*, außerdem die zwei Sekundärskalen *Extraversion und Emotionalität* im Sinne Eysencks. Die Bearbeitungszeit für die Patienten liegt zwischen 20 und 30 Minuten.

Hemmung der emotionalen Expressivität psychometrisch erfassen

Die Regulation von Emotionen spielt bei der Ätiologie und Aufrechterhaltung von Kopfschmerzen bei manchen Patienten eine wesentliche Rolle. Hierbei kommt der Kontrolle bzw. der Unterdrückung von emotionaler Expressivität eine besondere Bedeutung zu (siehe auch MASK-P). Der *Fragebogen zur Emotionskontrolle* (FEMKO, Traue, 1998) misst zwei Dimensionen: die Neigung, Gefühle nicht zu zeigen, weil negative Konsequenzen erwartet werden (*Effektambivalenz*), und die subjektive Bewertung der Fähigkeit, Gefühle zu zeigen (*Kompetenzambivalenz*). Während die Effektambivalenz mit körperlichen Beschwerden und depressiver Symptomatik in Zusammenhang steht, ist die Kompetenzambivalenz mehr mit mangelhaften sozialen Fähigkeiten und fehlendem Selbstbewusstsein verbunden.

Für die Bewältigung von sozialen Stressoren und das soziale Netz ist es von Bedeutung, ob sich ein Kopfschmerzpatient selbst die Fähigkeit zuspricht, Gefühle ausdrücken zu können. Effektambivalenz korreliert mit körperlichen Beschwerden, vor allem mit Schmerzsymptomen.

Den Stress genau nehmen!

Der *Alltagsbelastungsfragebogen* (ABF, Traue et al., 2000) eignet sich für die tägliche Messung von Alltagsstress anhand von 58 Items zu potenziell belastenden alltäglichen Ereignissen. Für den individuellen Patienten können Anzahl der aufgetretenen Ereignisse (Frequenz), die Summe der Bewertungen dieser Ereignisse (Summe) und die durchschnittliche Belastung (Summe/Frequenz) bestimmt werden. Testtheoretisch wurde der ABF an mehreren Stichproben untersucht. Die Daten der Faktorenanalyse sprechen für einen einfaktoriellen Itemsatz mit hoher Reliabilität und Validität. Der ABF ist besonders für die zeitreihenanalytische Untersuchung von Kovariation zwischen Stress und Kopfschmerzsymptomen geeignet (Traue et al., eingereicht). Das Beispiel in Abbildung 4 zeigt den Zusammenhang zwischen ABF und Kopfschmerzintensität bei einer Patientin.

Zusammenhänge berücksichtigen: Die Kür der Diagnostik

Depressivität

Das *Beck's Depression Inventory* (BDI, Beck et al., 1961) ist ein weitverbreitetes Instrument zur Selbsteinschätzung depressiver Symptomatik. Anhand von 21 Symptomen werden Ausmaß und Schwere depressiver Symptomatik erfragt. Neben der Erfassung eines Gesamtsummenwerts über die 21 Items sollte eine Differenzierung der Items in eine kognitiv-affektive und eine somatische Subskala vorgenommen werden, um eine Überschätzung depressiver Symptomatik zu verhindern, denn wie die meisten Schmerzerkrankungen gehen auch Kopfschmerzen mit Symptomen einher (gestörter Schlaf, Erschöpfung, eingeschränkte Libido etc.), die auch als Symptome der Depressivität gelten (Kessler et al., 1996).

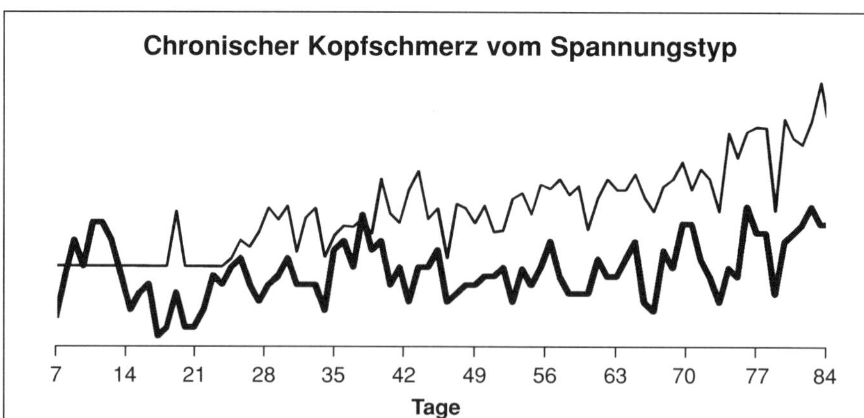

Abbildung 4:
Zusammenhang zwischen Kopfschmerzintensität (dicke Linie) und Alltagsstress (dünne Linie) bei einer Patientin mit chronischem Kopfschmerz vom Spannungstyp (aus Traue et al., eingereicht)

Zur Erfassung der Stressbewältigungsstrategien kann der bewährte *Stressverarbeitungsfragebogen* (SVF, Janke et al., 1985) herangezogen werden. Dieses Instrument erlaubt die Differenzierung verschiedener Copingstrategien im Umgang mit Belastungen: *Bagatellisierung, Vermeidungstendenz, Herunterspielen durch Vergleich mit anderen, Fluchttendenz, Soziale Abkapselung, Schuldabwehr, Gedankliche Weiterbeschäftigung, Ablenkung von Situationen, Resignation, Ersatzbefriedigung, Selbstbemitleidung, Suche nach Selbstbestätigung, Selbstbeschuldigung, Situationskontrollversuche, Aggression, Reaktionskontrollversuche, Pharmakaeinnahme, Bedürfnis nach sozialer Unterstützung* und *positive Selbstinstruktion.*

Stressverarbeitung

4 Behandlung

4.1 Vorbemerkung

Schmerzpsychotherapie ist Verhaltensmedizin

Die verhaltensmedizinische Perspektive ist bei einer ganzen Reihe von Kopfschmerzformen angemessen. Dies gilt selbstverständlich für Migräne, Kopfschmerz vom Spannungstyp und Kopfschmerz bei Übergebrauch von Medikamenten, denn bei diesen spielen psychophysiologische und lerntheoretische Mechanismen sowohl hinsichtlich der Diagnostik als auch der Therapie eine zentrale Rolle. Einige Kopfschmerzformen – wie der zervikogene bzw. der posttraumatischer Kopfschmerz – liegen im Grenzbereich zwischen KST und sekundärem Kopfschmerz. Bei diesen und den sekundären Kopfschmerzen ist der verhaltensmedizinische Ansatz dann sinnvoll, wenn durch die differenzialdiagnostischen Verfahren nachgewiesen wurde, dass das Schmerzverhalten auch durch psychosoziale Faktoren gesteuert wird. Sekundäre Kopfschmerzen sind insofern potenziell ein psychotherapeutisches Problem, als die durch sie bedingten Beeinträchtigungen mit Aktivitäts- und Partizipationsstörungen in allen Lebensbereichen einhergehen und es deshalb auch bei ihnen einerseits um Krankheitsbewältigung, andererseits um die Gefahr Entstehung von chronischem Schmerzverhalten geht. Kurz, Kopfschmerz ist ein körperliches Symptom, das wie andere Symptome auch psychosoziale Auswirkungen hat und im schlimmsten Fall psychische Störungen nach sich zieht.

Spezielle Beachtung erfodern auch Kopfschmerzen, die im Zusammenhang mit einer posttraumatischen Belastungsstörung auftreten, vor allem dann, wenn es sich um Traumatisierungen handelt, die durch Folter oder organisierte Gewalt entstanden sind, weil hierbei sowohl psychotraumatische wie körpertraumatische Ursachen für das Schmerzgeschehen vorliegen.

Die folgende Darstellung der verhaltensmedizinischen Interventionen beschränkt sich weitgehend auf die Behandlung von Migräne, Kopfschmerzen vom Spannungstyp und medikamenteninduzierten Kopfschmerzen [2].

4.2 Indikation und Kontraindikation verhaltensmedizinischer Maßnahmen

Indikation und Priorität

Bei der Indikationsstellung verhaltensmedizinischer Maßnahmen für diese drei Kopfschmerzformen schlagen wir ein sequenzielles Prozedere vor: Bei diesem sequenziellen Prozedere ist zunächst einmal an den Patienten in der ambulanten Behandlung gedacht, der sich wegen seiner Kopfschmerzen an den Hausarzt wendet (er wird sich selten sofort an den Psychotherapeuten wenden). In der stationären verhaltensmedizinischen Behandlung werden die beschriebenen Schritte häufig nur mit geringer zeitlicher Verzögerung hintereinander oder von vornherein gleichzeitig getan. Wir orientieren uns bei der Indikationsstellung an folgenden Kriterien:

1. Die Maßnahmen sollten evidenzbasiert sein.
2. Sie folgen einer Prioritätenliste der Behandlungsnotwendigkeit aus der Diagnostik. An erster Stelle steht die Behandlung von Medikamentenübergebrauch, psychiatrischen Störungen und von operanten Schmerzmechanismen, dann folgen die medikamentösen Therapien und erst danach die weiteren schmerzpsychotherapeutischen Verfahren.
3. Ökonomische Indikation, d. h. erst die einfachen, dann die aufwändigen Interventionen.

Alles der Reihe nach!

Am Anfang jeder Kopfschmerztherapie steht die *Vermittlung eines biopsychosozialen Modells* der jeweiligen Störung im Rahmen von *Psychoedukation.*

Handelt es sich mit großer Wahrscheinlichkeit um *Kopfschmerz bei Übergebrauch von Medikamenten*, besteht der erste Behandlungsschritt in einer *Entzugsbehandlung* (zum Vorgehen siehe Kapitel 4.4). Ist der Kopfschmerz ausschließlich oder überwiegend auf eine *psychiatrische Störung* zurückzuführen, dann hat deren Behandlung Vorrang. Besteht nach diesen Therapieschritten weiterhin ein signifikantes Kopfschmerzleiden, dann gelten die Regeln zur Behandlung von Migräne und KST.

---

2 Clusterkopfschmerz (CKS) sparen wir aus. Patienten mit dieser zwar seltenen, aber schwerst beeinträchtigenden Kopfschmerzart *verirren* sich wegen der sozialmedizinischen Implikationen mitunter in verhaltensmedizinische Rehabilitationskliniken. Psychotherapie ist bei CKS jedoch ineffektiv, und wir als Psychotherapeuten sollten den Patienten mit CKS weder durch *Psychologisieren* verunsichern noch in der Hoffnung wiegen, dass wir für ihn etwas tun können, außer ihn bei der allgemeinen Krankheitsbewältigung zu unterstützen.

Sollte bei einem Patienten mit *Migräne oder KST* das Kopfschmerzgeschehen wesentlich unter der *Kontrolle operanter Faktoren* stehen, so hat deren Behandlung Vorrang (zu den Methoden siehe Kapitel 4.6), möglicherweise – zu Förderung eines positiven Arbeitsbündnisses und Steigerung der Therapieerfolgserwartung – in Kombination mit körpernahen Verfahren wie Entspannung oder Biofeedback.

Trotz Medikamenten möglichst frühzeitig psychologisch intervenieren!

Leidet ein Patient unter *Migräne*, so ist bei einer Häufigkeit von zwei oder mehr Anfällen pro Monat an eine *medikamentöse Intervallbehandlung* mit Metoprolol zu denken. Bei weniger als drei Anfällen pro Monat ist die *medikamentöse Anfallsbehandlung* selbst über längere Zeiträume hinweg unbedenklich und besonders bei den üblichen hohen Schmerzintensitäten angezeigt (siehe Kapitel 4.3.1). Parallel zur medikamentösen Therapie ist in jedem Fall das Erlernen der *Entspannungsreaktion* (siehe Kapitel 4.5) indiziert, über Progressive Muskelrelaxation, Autogenes Training oder Biofeedbacktraining (Handerwärmungstraining, autogenes Feedbacktraining, Vasokonstriktionstraining). Werden diese Methoden beherrscht, so kann wegen ihrer hohen Wirksamkeit oftmals auch die Medikation reduziert oder abgesetzt werden. Mit welchen Verfahren die Entspannungsreaktion induziert wird, ist – nach den empirischen Evidenzen zu urteilen (siehe Kapitel 4.9) – vor allem eine Frage persönlicher Vorlieben von Patient und Therapeut und eine Frage der institutionellen Rahmenbedingungen, unter denen die Therapie stattfindet. Erfahrungen aus der Praxis lassen vermuten, dass solche Patienten auf Biofeedback besser als auf PR und AT ansprechen, deren Denken und Handeln vor allem von rationalen Prinzipien bestimmt ist und die kaum glauben können, dass auch bei ihnen Gefühle, Denken und physiologische Vorgänge auf komplexe Weise zusammenhängen. Die Rahmenbedingungen sind oftmals insofern mitbestimmend, als die Unterhaltung eines Biofeedbacklabors eher im stationären Setting möglich ist – aus Kostengründen und weil dort eher die Spezialisierung von Therapeuten/Co-Therapeuten auf diese Behandlungsform erfolgen kann. Sollten die beschriebenen Entspannungsmethoden keine ausreichende Wirkung zeitigen, kommen *kognitive behaviorale* bzw. *Stressbewältigungsmethoden* zum Zuge, die den größten therapeutischen Aufwand erfordern, aber auch den nachhaltigsten Therapieerfolg versprechen. Diese Methoden können in der Gruppe oder einzeln, in Orientierung an der individuellen Verhaltensanalyse (wie in Kapitel 3 ausgeführt) oder im Rahmen standardisierter Therapieprogramme eingesetzt werden. Die Entscheidung darüber ist wiederum bisher nicht auf der Basis empirischer Evidenzen zu treffen, sondern in Abhängigkeit von jeweiligen Rahmenbedingungen. Ein Beispiel für ein multimodales standardisiertes Gruppentherapiemanual – die Konkordanztherapie – wird in Kapitel 4.7.2 vorgestellt. Aus diesem lassen sich aber auch viele Anregungen für die individualisierte Vorgehensweise im Einzelkontakt gewinnen.

Die Therapie von *KST* folgt einem analogen Muster. *Episodische* Kopfschmerzen von geringer Häufigkeit (einige Stunden pro Woche) können weitgehend unbedenklich *medikamentös* behandelt werden (siehe Kapitel 4.3.2). Wenn der Patient oder sein behandelnder Arzt die Schmerzen als tatsächlich schmerzpsychotherapeutisch behandlungsbedürftig einschätzt, weil beispielsweise Analgetika nicht genommen werden sollen, stellt sich bei ihnen allerdings stärker als bei der Migräne die Frage, ob nicht *Entspannungsverfahren* (PR, AT, EMG-Biofeedbacktraining) die Methode der ersten Wahl sind. Sollte der erhoffte Erfolg der Entspannungstherapie ausbleiben, ist als nächste Stufe *kognitiv-behaviorale Therapie* bzw. *Stressbewältigungstraining* durchzuführen. *Chronischer* KST ist am wirksamsten mit einer *Kombination von trizyklischer Medikation und Stressbewältigungstraining* zu behandeln.

4.3 Medikamentöse Therapie

Symptomatisch behandeln mit Analgetika

Als symptomatischer Therapieansatz ist die medikamentöse Kopfschmerzbehandlung eine Gratwanderung zwischen dem Anspruch des Patienten, von seinem Schmerz befreit zu werden, und der Gefahr des Schmerzmittelmissbrauchs. Auch sollte die medikamentöse Behandlung immer als *eine* Methode im Gesamtkonzept der Therapie betrachtet werden. In diesem hat sie allerdings einen festen, auf den individuellen Behandlungsplan abzustimmenden Platz. Wegen möglicher Nebenwirkungen häufiger Medikamenteneinnahme wäre oft eine sequenzielle Strategie zu bevorzugen, die mit wenig aufwändigen verhaltensmedizinischen Interventionen (Entspannung, Biofeedback, Stressbewältigungstraining) einsetzt – und erst bei deren unzureichender Wirkung zur Einnahme von Medikamenten übergeht.

Empfehlungen der Deutschen Migräne- und Kopfschmerzgesellschaft

Wir beschreiben – geleitet durch die Empfehlungen der Deutschen Migräne- und Kopfschmerzgesellschaft und die letzte Cochrane Review von Smith et al. (2001) – den gegenwärtig gültigen Stand der medikamentösen Kopfschmerztherapie und Medikamentenentzugsbehandlung ausführlicher, weil diese integraler Bestandteil eines verhaltensmedizinischen Vorgehens sind und mit verhaltenstherapeutischen Maßnahmen abgestimmt sein müssen. Auch der Psychologische Psychotherapeut tut gut daran, sich dieses Wissen anzueignen, besonders, wenn er in einem interdisziplinären Team arbeitet.

4.3.1 Migräne

Medikamentöse Anfallskupierung

Die medikamentöse *Kupierung* von Migräneanfällen richtet sich nach der Intensität der Schmerzen, dem Vorliegen einer Aura und dem Auftreten von Wiederkehrkopfschmerzen [3] (Einzelheiten in Tabelle 5). Übelkeit und

---

3 Lang anhaltende Migräneanfälle, die mit einem Triptan zunächst erfolgreich kupiert wurden, können wegen des raschen Abbaus der Triptane im Körper erneut aufleben. Man spricht dann von einem Wiederkehrkopfschmerz. In dieser Situation kann der Wirkstoff erneut zugeführt werden.

Tabelle 5:
Medikamentöse Behandlung des Migräneanfalls (in Anlehnung an die Empfehlungen der DMKG und die Cochrane Review von Smith et al., 2001)

	Substanz	Handelsname	Rezept	Dosis
A. Medikamente gegen Übelkeit/ Erbrechen zur Normalisierung der Magenbeweglichkeit	Metoclopramid	Paspertin® Gastrosil®	ja ja	20 mg Tropfen, Zäpfchen
	Domperidon	Motilium®	ja	ebenso

Anmerkung: Nach Einnahme dieser Medikamente 15 Minuten warten bis zur Schmerzmitteleinnahme

	Substanz	Handelsname	Rezept	Dosis
A. Leichter Migräneanfall	Acetylsalicylsäure	Aspirin®+C Aspirin® direkt ASS Ratiopharm® u. v. a.	nein	1000 mg ebenso ebenso
	Paracetamol	Benuron® u. a.	nein	1000 mg
	Ibuprofen	Aktren®	nein	400 mg
	Metamizol	Novalgin® u. a.	ja (!!)	500 mg
B. Schwerer Migräneanfall	Sumatriptan	Imigran® Tablette	ja (*)	25–100 mg
	Naratriptan	Nasenspray Spritze	ja	2,5–5 mg 6 mg
	Zolitriptan	Ascotop®	ja	2,5–10 mg
	Rizatriptan	Maxalt®	ja	5, 10 mg
	Eletriptan	Relpax®	ja	20–80 mg
gelegentliche Alternativen (**)	Ergotamintartrat	Ergosanol®	ja	1–2 mg

* Die Triptane sollten unter strenger Kontrolle des Arztes eingenommen werden!
** Niemals Triptane und Ergotamintartrat gemeinsam einnehmen! Mindestabstand ist 25 Stunden.

Erbrechen lassen sich mit Metoclopramid bzw. Domperidon wirksam reduzieren. Diese Präparate sollten 15 Minuten vor Einnahme der Schmerzmittel eingenommen werden. Leichte Migräneanfälle werden mit Acetylsalicylsäure, Paracetamol, Ibuprofen oder Metamizol behandelt. Bei schweren Migräneanfällen sind – sofern keine Kontraindikationen vorliegen – die Triptane (Serotoninrezeptoragonisten) wegen ihrer guten Wirksamkeit Mittel der Wahl. Ergotamine werden nur noch in Ausnahmefällen empfohlen – und dann niemals gemeinsam mit Triptanen. Das Triptan der ersten Generation (Sumatriptan) wurde inzwischen optimiert. Die Nachfolgepräparate der zweiten Generation (Zolmitriptan, Naratriptan) und der dritten Generation (Rizatriptan, Eletriptan) haben eine größere Bioverfügbarkeit, einen rascheren Wirkungseintritt und weniger Nebenwirkungen. Sie überwinden leichter die Blut-Hirn-Schranke und erreichen dadurch besser zentrale Wirkungsorte. Wiederkehrkopfschmerzen treten seltener auf.

Triptane

Triptane wirken im Gegensatz zu den Ergotaminpräparaten erst, wenn die eigentliche Schmerzphase begonnen hat – die vasoaktive Komponente (der 5-HT-1B-Agonist) ist für die Wirkung von Triptanen entscheidend. Im Alter sind Triptane kontraindiziert, und zwar wegen des steigenden Risikos von Nebenwirkungen und der Entstehung sekundärer Kopfschmerzen. Als Notfallmedikation und im Status migraenosus empfiehlt sich 500 mg Aspisol (Lysin-Acetylsalicylat) intravenös, das mit Triptanen nicht interferiert.

Zur Anfallskupierung der *kindlichen* Migräne empfiehlt die DMKG (Evers et al., 2001) Ibuprofen (10 mg/kg Körpergewicht) oder Paracetamol (15 mg/kg Körpergewicht) bei leichten, Sumatriptan (10 bis 20 mg nasal), ab dem 12. Lebensjahr auch Zolmitriptan 2,5 mg bei schweren Attacken. Notfälle sollten nur durch den Kopfschmerzspezialisten behandelt werden.

Migräneprophylaxe mit Medikamenten

Eine medikamentöse Migräne*prophylaxe* ist bei mehr als zwei beeinträchtigenden Attacken pro Monat zu erwägen. Am besten bewährt haben sich tägliche Dosen von 50 bis 200 mg Metoprolol (bei Kindern 1,5 mg/kg Körpergewicht), 40 bis 240 mg Propranolol (bei Kindern 2 mg/kg Körpergewicht) und 5 (Frauen, Kinder) bzw. 10 (Männer) mg Flunarizin. Auch bei diesen Medikamenten gibt es natürlich Kontraindikationen und Nebenwirkungen. In jüngster Zeit werden sehr gute Erfolge bei der Prophylaxe der Migräne mit Petesides (Pestwurz) berichtet.

4.3.2 Kopfschmerz vom Spannungstyp

Starker *episodischer* Kopfschmerz vom Spannungstyp kann – so die Empfehlung der DGMK (www.dmkg.org) – mit 500 bis 1000 mg Acetylsalicylsäure oder Paracetamol (ist weniger wirksam als ASS), 400 bis 600 mg Ibuprofen, 500 bis 1000 mg Naproxen oder mit an den schmerzhaften Stellen aufgetragenem Pfefferminzöl oder Tigerbalsam reduziert werden. Für Kinder werden dieselben Medikamente und Dosierungen empfohlen wie bei einer leichten Migräneattacke (s. o.). Triptane sind bei

Kopfschmerz vom Spannungstyp wirkungslos – es sei denn, es besteht parallel ein Migräneleiden: In diesem Fall ist Sumatriptan auch gegen episodische Kopfschmerzen vom Spannungstyp effektiv. Wegen der Gefahr von medikamenteninduzierten Kopfschmerzen und Substanzabhängigkeiten sind höchstens zehn Analgetikadosen pro Monat – diese höchstens drei Tage hintereinander – und möglichst nur die Einnahme von Monosubstanzen – zu vertreten. *Chronischer* Kopfschmerz sollte aus diesen Gründen niemals ausschließlich mit Analgetika behandelt werden. Als Standardmedikamente gelten heute trotz der bekannten Nebenwirkungen die trizyklischen Antidepressiva Amitriptylin (Tagesdosis: 25 bis 150 mg) bzw. Amitriptylinoxid (Tagesdosis: 30 bis 120 mg). Es wird empfohlen, jeweils mit niedrigen Dosierungen einzusteigen und bei starken Nebenwirkungen auf 25 bis 150 mg Doxepin oder 75 bis 150 mg Clomipramin umzusteigen. Wichtig ist erstens, dass die Behandlung von chronischem KST mit Antidepressiva bei Kindern nicht ratsam ist (es gibt bisher keine brauchbaren Studien), und zweitens, dass bei episodischem Kopfschmerz vom Spannungstyp Amitryptilin keine Wirkung hat. Zweifelhaft ist die Wirkung von Medikamenten, die eine Entspannung der Muskulatur anstreben: Muskelrelaxantien bzw. Botulinum Toxin Typ A – was im Übrigen gegen eine maßgebliche Beteiligung peripher-muskulärer Mechanismen am Kopfschmerzgeschehen spricht.

Die Gefahr von Kopfschmerz bei Medikamentenübergebrauch beachten!

Abschließend soll auf eine vergleichende, randomisierte, placebo-kontrollierte Wirksamkeitsstudie von Holroyd et al. (2001) hingewiesen werden, in der 203 Patienten mit chronischen Kopfschmerzen vom Spannungstyp mit kognitiver Schmerzbewältigung oder Amitriptylin oder einer Kombination beider Methoden behandelt wurden. Die trizyklischen Antidepressiva und das kognitiv-behaviorale Behandlungsprogramm waren einzeln und in Kombination dem Placebo signifikant überlegen. Die kombinierte Therapie erzielte eine 50-prozentige Reduktion bei 64 %, Amitryptilin bei 38 % und kognitive Therapie bei 35 % der Patienten.

4.4 Medikamentenabusus, Kopfschmerz bei Medikamentenübergebrauch und Entzugsbehandlung

Die Schattenseite hoch wirksamer Analgetika

Den Anfang eines Abusus-Problems mag die Angst vor weiteren Kopfschmerzanfällen bilden – vor den Schmerzen selbst oder den schmerzbedingten Leistungseinbußen mit ihren beruflichen oder sozialen Folgen Im fortgeschrittenen Stadium jedoch – wenn der Kopfschmerz als Rebound-Kopfschmerz nach Absetzen der Medikation auftritt und wiederum medikamentös bekämpft wird oder Gewöhnung an psychotrope Komponenten der Medikation eingetreten ist – unterhält sich das Problem meist selbst.

> **Merke:** Bei Verdacht auf Kopfschmerz bei Medikamentenübergebrauch ist der erste Behandlungsschritt notwendigerweise die *ambulante oder stationäre Entzugsbehandlung.*

Die Motivation ist entscheidend

Ambulante Behandlung ist nur erfolgversprechend, wenn die Patienten zum Entzug hoch motiviert sind und weder Codein noch Tranquilizer einnehmen. Allerdings lässt sich weder die Frage *ambulanter oder stationärer Entzug?* noch die Frage *abrupter Totalentzug oder ausschleichender, zeitkontingenter Entzug?* abschließend beurteilen. Die Entzugssymptomatik kann medikamentös abgemildert werden – bei Migräne z. B. mit Antiemetika, Naproxen oder Neuroleptika, bei Kopfschmerz vom Spannungstyp mit trizyklischen Antidepressiva –, allerdings sollte grundsätzlich die Gabe von Ergotaminen, Triptanen, zentral wirksamen Analgetika, Opioiden und der zu entziehenden Substanzen selbst vermieden werden. Prozedurale Empfehlungen über den Gesamtverlauf gibt die DMKG, die in der nachfolgenden Tabelle 6 zusammen gefasst sind.

Verständlicherweise sind Patienten nur dann zu einer Entzugsbehandlung zu motivieren, wenn sie sich davon eine Reduktion des Kopfschmerzleidens versprechen bzw. wenn ihnen alternative Behandlungsformen oder Selbsthilfemöglichkeiten zur Verfügung stehen.

Meistens ist eine begleitende Verhaltenstherapie notwendig!

Begleitende oder nachfolgende Verhaltenstherapie – wie sie in diesem Ablaufplan in Punkt 8 aufgeführt wird – kann mehr oder weniger weit reichende Zielsetzungen haben, z. B. in Abhängigkeit davon, ob sie ausschließlich auf die Entzugsbehandlung fokussiert. Im gegenwärtigen Zusammenhang sind die Spezifika der verhaltenstherapeutischen Entzugsbehandlung bei (Kopf-)Schmerzpatienten bedeutsam. Die Schlagworte hier sind *Kontraktmanagement* und *Kontingenzmanagement.* Kontraktmanagement meint mündliche oder schriftliche Vereinbarungen zwischen Patient und Therapeut über die Modalitäten der Entzugstherapie. Diese Vereinbarungen sollen die aktive Teilnahme und Selbstverpflichtung des Patienten und dadurch seine Compliance stärken. Wenn die Behandlung auch Codein, Opioide, Tranquilizer u. Ä. einschließt, die im Gegensatz zu den abrupt abzusetzenden reinen Schmerzmitteln über einen gewissen Zeitraum hin ausgeschlichen werden müssen, empfiehlt sich die Vereinbarung eines Zeitplans für die Reduktionsschritte und dabei eine *zeit*kontingente Verordnung der Medikamente, da – wie bereits aus den Studien von Fordyce (1977) bekannt – die *bedarfs*kontingente Verabreichung das Einnahmeverhalten selbst negativ verstärkt und u. a. dadurch den Abusus aufrecht erhält. Diese verhaltenstheoretischen Zusammenhänge sollten dem Patienten in angemessener Form vermittelt werden. Gegebenenfalls kann man sich beim Reduzieren der Fordyce'schen Methode des Schmerzcocktails bedienen: Der Patient weiß, *dass* die Medikation reduziert wird – und ist damit einverstanden –, aber er weiß nicht, *wann.* Die Medikamente (Kapseln)

Tabelle 6:
Ablauf von Medikamentenentzug und Begleittherapie bei Verdacht auf Kopfschmerz bei Medikamentenübergebrauch (nach Haag et al., 1999)

1. Aufklärung über Bedingungsmechanismen und therapeutische Möglichkeiten
2. Zunächst Führen eines Kopfschmerz-Tagebuches und Registrierung eingenommener Medikamente (einschließlich frei verkäuflicher Präparate)
3. Entscheidung über ambulanten oder stationären Entzug
4. Analgetika und Ergotamin abrupt absetzen (ambulant möglich, bevorzugt stationärer Entzug)
5. Barbiturate, Tranquilizer, Codein und Opioide langsam ausschleichen (Reduktion der Ausgangsdosis alle 10 bis 14 Tage um 25%)
6. Überbrückung mit 2 x 500 mg Naproxen (vorausgesetzt, es bestand kein Abusus von NSAIR's) oder in schweren Fällen Acethylsalicylsäure 500 mg bis 1 g i. v. alle 8 Stunden
7. Bei Bedarf Antiemetika wie Metoclopramid, z. B. Paspertin® 3 x 20 gtt. tgl. oder Domperidon (Motilium® 3 x 10 mg)
8. Begleitende oder nachfolgende Verhaltenstherapie
9. Nach dem Entzug Migräneprophylaxe oder prophylaktische Behandlung des Spannungskopfschmerzes

sehen trotz Dosisunterschieden immer gleich aus (man muss sich also der Mitwirkung eines Apothekers versichern!). Als Beispiel haben wir das Formular, das Wildgrube (1999) für den Kontrakt zur Reduktion von Schmerzmitteln im ambulanten Setting verwendet, in den Anhang gegeben.

Patienten gewöhnen sich oft an die Schmerzmitteleinnahme, weil sie nicht durch Schmerzen und schmerzbedingte Einbußen ihrer Funktionsfähigkeit in ihren Alltagstätigkeiten unterbrochen werden wollen, weil sie insbesondere im Berufsleben weiter funktionieren wollen oder glauben, funktionieren zu müssen. Hintergrund übermäßiger Medikamenteneinnahme im Leistungsbereich kann sowohl das intrinsisch oder extrinsisch motivierte Vergnügen an der Leistung sein als auch die Angst vor dem Versagen (s. auch Kapitel 2.4). Hierbei handelt es sich ebenfalls um operant konditioniertes Verhalten, das, um Rückfällen vorzubeugen, verhaltenstherapeutisch aufgearbeitet werden sollte. Sinnvolle Interventionen sind je nach Ergebnis der individuellen Verhaltensanalyse aus dem Repertoire verhaltenstherapeutischer Behandlungsmethoden auszuwählen, z. B. Achtsamkeits- oder andere Körperwahrnehmungsübungen zur Sensibilisierung für organismische Leistungsgrenzen, Genusstraining, kognitive Umstrukturierung des Leistungsselbstbildes oder von irrationalen Versagensängsten.

Entzugskopfschmerzen sind am ausgeprägtesten nach übermäßiger Triptan- und Ergotamineinnahme. In der ersten Woche des Entzugs gehen die Kopfschmerzen dann aber insgesamt drastisch zurück – im Gegensatz zu einfachen und Kombinationsanalgetika, bei deren Entzug es zwar zu keiner Zunahme der Kopfschmerzen kommt, aber der Rückgang der Symptomatik eher bescheiden ausfällt. Diesen typischen Verläufen korrespondieren Beobachtungen zum *Risiko eines Rückfalls*. Circa 30 % der Patienten, die sich einer Entzugsbehandlung unterziehen, haben im „verflixten" ersten Jahr danach einen Rückfall – in den darauf folgenden Jahren steigt die Rate nur noch geringfügig an. Die Rückfallrate ist nach Entzug von Triptanen und Ergotaminen am niedrigsten, nach Entzug von Analgetika und Kombinationspräparaten liegt sie deutlich höher (Katsavara & Diener, 2003).

4.5 Entspannungsverfahren und Biofeedback

Entspannung und Biofeedback bilden den Kern der Schmerzpsychotherapie

Entspannungsverfahren und Biofeedbacktherapie sind bei Kopfschmerzen die Behandlungsform der ersten Wahl. Ihre Wirksamkeit ist durch zahlreiche empirische Studien sehr gut gesichert. Schädliche Wirkungen sind nicht bekannt. Im Gruppenvergleich haben es selbst kognitiv-behaviorale und multimodale Therapieprogramme schwer, eine über die Wirksamkeit von Entspannungstraining bzw. Biofeedbacktherapie hinausgehende Effektivität nachzuweisen. Entspannungstrainings sind Basisverfahren der Psychotherapie (Vaitl & Petermann, 2000) und sollen an dieser Stelle deshalb nicht beschrieben werden. Dasselbe gilt für die Grundlagen der Biofeedbacktherapie (Bischoff, 1995). Bei der Therapie von Kopfschmerzen mit Biofeedback gibt es Besonderheiten, auf die wir näher eingehen (siehe Kapitel 4.5.2).

4.5.1 Entspannung

Als Entspannungstraining wird vor allem Progressive Muskelentspannung (PR) nach Jacobson empfohlen, deren Effizienz auch bei Kindern feststeht (Evers et al., 2001), ferner werden Autogenes Training (AT) nach Schultz, Transzendentale Meditation und Hypnose eingesetzt. Es ist darauf zu achten, dass die Patienten nach eingehender Instruktion durch den Therapeuten ihre Übungen auch zu Hause mit oder ohne Anleitung vom Tonband regelmäßig praktizieren. Das Führen und Besprechen von Protokollen kann die Patienten dabei unterstützen, die Übungen zur guten Gewohnheit werden zu lassen. Darüber hinaus ist es günstig, wenn die Patienten eine Form der Kurzentspannung beherrschen und gezielt in Kopfschmerz auslösenden Situationen einzusetzen lernen. Entspannung wirkt vasodilatorisch. *Während* der Migräneattacke nimmt die Schmerzstärke durch Entspannung zu.

> **Merke:** *Während* der Migräneattacke sind Entspannungsübungen kontraindiziert.

Hingegen sind Entspannungsübungen bei ersten Attackenanzeichen oftmals hilfreich und können den Anfall abwenden. Bei Kopfschmerzen vom Spannungstyp ist eine positive Wirkung unabhängig davon zu erwarten, ob Schmerzen vorhanden sind oder nicht.

4.5.2 Allgemeine Merkmale einer Biofeedbacktherapie

Nach traditioneller Auffassung sind bei einer Biofeedbacktherapie folgende Elemente unverzichtbar:

Elemente einer Biofeedbacktherapie
1. Einstieg in die Behandlung mit der Vermittlung
– eines psychophysiologischen Modells der Kopfschmerzen und – des psychophysiologischen Wirkprinzips von Biofeedback bei dieser Störung – einer adäquaten Therapiemotivation
2. Behandlungsablauf
– Anzahl der Sitzungen: 6 bis 20 – Aufbau einer Sitzung: 3 bis 7 Übungseinheiten von jeweils zwischen 7 und 3 Minuten Dauer – Übungsbedingungen: zunächst im Entspannungsstuhl, dann mit stufenweise gesteigerter physischer und psychischer Belastung/Beanspruchung, Übungen mit und ohne apparative Rückmeldung
3. Protokollierung
– des Symptoms, am besten mit Grundlinie vor und nach der Behandlung (Selbstbeobachtung mit Tagesprotokollen) – des Übungsverlaufs, d. h. der Veränderungen des zurückgemeldeten psychophysiologischen Parameters.

Psychologisches oder physiologisches Lernen?

Biofeedbacktherapie fußt auf dem Prinzip des *physiologischen* Lernens. Der Kopfschmerz wird als psychophysiologische Störung verstanden, die mit psychophysiologischen Methoden behandelbar ist. Dieses Therapierationale wird dem Patienten vermittelt – und die Therapie entfaltet ihre nachgewiesene Wirksamkeit auf seinem Hintergrund. Der Therapeut gerät dadurch möglicherweise in einen inneren Zwiespalt, weil der Wirkmechanismus von Biofeedback wahrscheinlich vor allem ein *psychologischer* ist und in der Verbesserung der Selbsteffizienzerwartung des Patienten besteht (siehe auch Schiller & Bischoff, 2000).

Hinsichtlich einer adäquaten Therapiemotivation ist es wichtig, dem Patienten zu verdeutlichen, dass das Training unter Leistungsgesichtspunkten anzugehen in der Regel kontraproduktiv ist und dass er keine unmittelbare Symptomreduktion erwarten darf. Die deutlichste Linderung der Beschwerden ist vielmehr oft erst nach Abschluss des Trainings zu beobachten.

4.5.3 Biofeedbacktherapie bei Migräne

Mehrere Methoden sind gebräuchlich:
- Handerwärmungstraining,
- Autogenes Feedbacktraining,
- Feedbacktraining der Temporalarterie (Vasokonstriktionstraining),
- seltener: Alpha-EEG, Feedback der kontingenten negativen Variation (CNV), der elektrodermalen Aktivität (EDA) bzw. des EMG.

Zwei der Biofeedbackverfahren sind sogar eigens für die Therapie von Migräne entwickelt worden:

Thermales Biofeedback

Autogenes Feedbacktraining

Handerwärmungstraining oder thermales Biofeedback ist ein Verfahren, bei welchem dem Patienten die Fingerdurchblutung zurückgemeldet wird, in der Regel durch Messung der Hauttemperatur mit einem Temperaturfühler. Aufgabe des Patienten ist es, die Durchblutung der Hand zu steigern. Beim *autogenen Feedbacktraining* wird die Handerwärmung durch formelhafte Vorsatzbildungen aus dem autogenen Training (Wärmeübung) unterstützt. Trainiert und angewendet werden die Verfahren ausschließlich im schmerzfreien Intervall. Abbildung 5 zeigt einen exemplarischen Sitzungsverlauf mit vier Trainingseinheiten. In den ersten beiden Einheiten wird mit Rückmeldung und Wärmevorstellung geübt, in der dritten Einheit sind die Übungsbedingungen verschärft, insofern der Patient, unterstützt durch das Temperaturfeedback, entspannt bleiben soll, während er sich eine ihn belastende Situation vorstellt; in der letzten Einheit hat der Patient die Aufgabe,

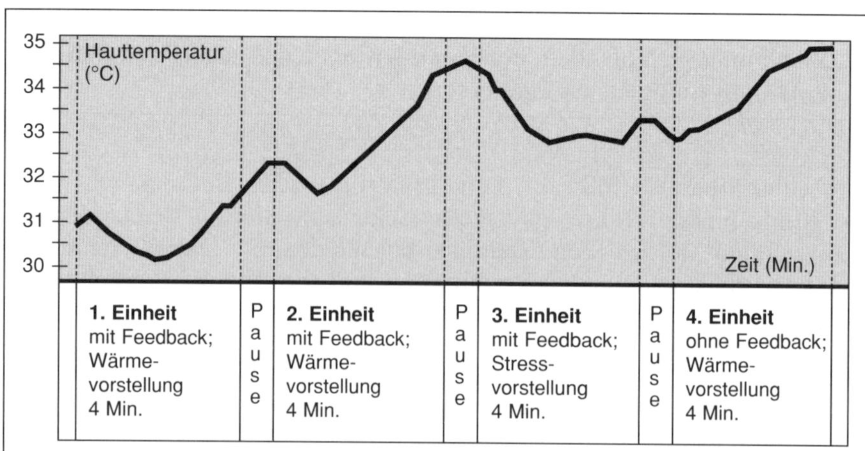

Abbildung 5:
Exemplarischer Verlauf einer Sitzung des Autogenen Feedbacktrainings

auch ohne unmittelbare Rückmeldung die Handtemperatur zu steigern – er erhält dann im Anschluss eine Auskunft, inwieweit ihm dies gelungen ist.

Vasokonstriktionstraining

Beim *Vasokonstriktionstraining* übt der Patient eine mentale Strategie zur Konstriktion der oberflächlichen Schläfenarterie (A. temporalis superficialis) ein. Gemessen und zurückgemeldet werden entweder das Gefäßkaliber, die Blutfließgeschwindigkeit oder der Blutvolumenpuls. Viele Patienten können sich den Erwerb der Kontrolle über das Gefäßkaliber durch die Vorstellung, in einen Tunnel zu fahren oder durch die Vorstellung der Enge erleichtern. Wenn sie in der Lage sind, die Vasokonstriktion zuverlässig zu kontrollieren, werden sie angeleitet, die Gefäße auch ohne apparative Hilfe bei den ersten Anzeichen eines Migräneanfalls eng zu stellen. Das Behandlungsverfahren zielt also in Analogie zur medikamentösen Anfallsbehandlung mit Mutterkornalkaloiden auf die Kupierung der Anfälle ab.

4.5.4 Biofeedbacktherapie bei Kopfschmerz vom Spannungstyp

Mainly used: EMG-Biofeedback

EMG-Biofeedback wird in der Regel als Feedback der Spannung des Stirnmuskels praktiziert, wobei die Patienten, in einem Entspannungsstuhl sitzend, lernen sollen, das Spannungsniveau zu senken.

Es gibt jedoch auch andere erfolgreiche Varianten:
- Biofeedback wird mit progressivem Muskelentspannungstraining kombiniert.
- Nicht der Stirnmuskel (m. frontalis), sondern ein anderer Muskel (z. B. m. trapezius, m. temporalis, m. sternocleidomastoideus) wird trainiert, oder es werden mehrere dieser Muskeln ins Training einbezogen.
- Der Trainingsmuskel wird nicht a priori, sondern auf Grund physiologischer Auffälligkeiten ausgesucht – auf Grund der Muskelaktivität im Oberflächen-EMG oder physiodiagnostischer Parameter wie z. B. aktiver Myogelosen (= umschriebene, bei Druck schmerzhafte Muskelverhärtungen).
- Die Patienten erhalten Biofeedback in sozialen Situationen: in arrangierten Gesprächssituationen oder – mit Hilfe portabler Geräte – im Alltag (siehe Abbildung 3).
- Es wird nicht nur liegend und in Ruhe, sondern in verschiedenen Körperhaltungen und während dynamischer Körperbewegungen geübt.

Tabelle 7 zeigt einen exemplarischen Trainingsplan, der neben dem Üben mit Feedback auch das Trainieren ohne apparative Unterstützung vorsieht – und damit auch eine Kontrolle des Therapiefortschritts schon während des Trainings erlaubt. Das Üben in unterschiedlichen psychosozialen und psychomentalen Situationen und in verschiedenen Körperhaltungen erleichtert die Generalisierung des Erlernten auf den Alltag.

Praktischer Ablauf der Biofeedbacktherapie

Tabelle 7:
Trainingsplan für EMG-Biofeedbacktherapie bei KST

Sitzung	Einheit	Übungsbedingungen
1	1	Entspannungsliege, ohne Feedback
	2	Entspannungsliege, mit Feedback
	3	Entspannungsliege, mit Feedback
2	1	Entspannungsliege, mit Feedback
	2	Entspannungsliege, mit Feedback
	3	Entspannungsliege, ohne Feedback
3	1	aufrecht sitzend, ohne Feedback
	2	aufrecht sitzend, mit Feedback
	3	aufrecht sitzend, mit Feedback
4	1	aufrecht sitzend, mit Feedback
	2	aufrecht sitzend, mit Feedback
	3	aufrecht sitzend, ohne Feedback
5	1	stehend, ohne Feedback
	2	stehend, mit Feedback
	3	stehend, mit Feedback
6	1	stehend, mit Feedback
	2	stehend, ohne Feedback
	3	aufrecht sitzend, mit Feedback, Gespräch über Freizeit
7	1	aufrecht sitzend, mit Feedback, Stroop-Test
	2	aufrecht sitzend, mit Feedback
	3	aufrecht sitzend, ohne Feedback
8	1	aufrecht sitzend, mit Feedback, Gespräch über Schmerzen
	2	aufrecht sitzend, mit Feedback
	3	aufrecht sitzend, ohne Feedback
9	1	Gestaltung nach Wunsch des Patienten
	2	aufrecht sitzend, mit Feedback
	3	aufrecht sitzend, ohne Feedback

4.6 Behandlung von operant konditioniertem Schmerzverhalten

Kontingenzmanagement: der Klassiker unter den psychologischen Verfahren

Kontingenzmanagment nach Fordyce (1976) hat zum Ziel, operant konditioniertes chronisches Schmerzverhalten zu verringern und gesundes Verhalten zu fördern. Am Anfang der Therapie steht die Diagnose – in diesem Fall die Verhaltensanalyse operanter Anteile des Schmerzverhaltens. Eine Auflistung der Hinweise, die für eine Verhaltenanalyse der respondenten und operanten Anteile herangezogen werden kann, findet man im dritten Kapitel über die Kopfschmerzanamnese in Tabelle 4. Die Indikation für die Behandlung operanter Schmerzmechanismen erfordert eine sehr ausführliche und umfassende Diagnostik, denn im Vergleich zu den anderen Therapieverfahren ist das Kontingenzmanagment nicht evidenzbasiert, wohl aber plausibel aus lerntheoretischen Annahmen abzuleiten. Wenn die Verhaltensanalyse eine maßgebliche Beteiligung operanter Faktoren am Schmerzverhalten ergibt, versucht der Therapeut mit dem Patienten und seinen Angehörigen eine Behandlungsprogramm in fünf Schritten zu vereinbaren.

Fünf Schritte der Behandlung operanter Schmerzen

Lernprozesse erklären!

Schritt 1: Wichtig ist es, mit dem Patienten zu erarbeiten, dass der gespürte Schmerz nicht nur von einer körperlichen Schädigung abhängt, sondern zu einem beachtlichen Teil als Ergebnis von Lernprozessen betrachtet werden kann. Es spielt eine untergeordnete Rolle, ob und wie der Schmerz pathophysiologisch begründet ist, sondern was die Schmerzsymptome aufrechterhält.

Aktivität steigern!

Schritt 2: Ein Behandlungsziel besteht darin, körperliche Aktivitäten (z. B. Spaziergänge) Schritt für Schritt zu steigern, wobei etwas unter dem momentanen Aktivitätsniveau begonnen wird. Danach wird der Patient angeleitet, seine Aktivitäten in kleinen, definierten Quanten zu steigern und sich bei der Durchführung ausschließlich am geplanten Quantum zu orientieren, auch wenn dies heißt, gelegentlich über die Schmerzschwelle hinauszugehen. Schmerzen sollen nicht Kriterium für den Abbruch von Aktivitäten sein.

Kontingenzmanagement wurde von Fordyce in erster Linie für Patienten konzipiert, die körperlich gänzlich inaktiv geworden sind. Bei Kopfschmerzpatienten geht es meist darum, spezifische Aktivitäten zu identifizieren, die „mit Hilfe" der Schmerzen vermieden werden, und den Aufbau genau dieser Aktivitäten zu fördern. Das können natürlich auch einfache körperliche Aktivitäten sein.

Die Medikamente kontrollieren!

Schritt 3: Die notwendige Kontrolle von Schmerzmedikation in einem operanten Programm sollte zunächst ausführlich erklärt werden. Dem Patienten und seinem Partner soll erläutert werden, dass die Arzneimittel stufenweise reduziert werden bzw. zeitkontingent eingesetzt werden sollen. Hierbei ist darauf zu achten, dass dieser therapeutische Schritt mit den ärztlichen Medikamentenempfehlungen übereinstimmt (siehe auch Kapitel 4.3).

Die Rolle der Angehörigen aufklären!

Schritt 4: Zunächst ist es hilfreich, dem Patienten den Mechanismus zu verdeutlichen, dass Angehörige und auch medizinisches Personal bei Schmerzäußerungen zumindest anfangs mit Besorgnis und Zuwendung reagieren und so unabsichtlich das Schmerzverhalten verstärken, anstatt es zu reduzieren. Denn jeder Mensch ist – zum großen Teil, ohne es zu bemerken – empfänglich für das positive und negative Verhalten anderer Personen. Allen Beteiligten wird klar gemacht, dass es günstiger ist, wenn Angehörige und Behandler die Aufmerksamkeit und die soziale Unterstützung des Schmerzverhaltens reduzieren und stattdessen positiv auf die Zunahme von Körperübungen, von Aktivität und effektiver Beteiligung reagieren.

Gesundheitsverhalten fördern!

Schritt 5: Für eine langfristige Besserung reicht es allerdings nicht aus, Schmerzverhalten zu reduzieren und angemessenes Gesundheitsverhalten, einschließlich beruflicher und sozialer Beschäftigung, zu fördern. Dazu gehört auch, mit den üblichen verhaltenstherapeutischen Methoden Defizite in sozialen Fähigkeiten zu beheben, die für den Aufbau von Kontakten und eines tragfähigen sozialen Netzes notwendig sind. In der Anfangsphase ist die Behandlung mit Kontingenzmanagement schwierig und hängt wesentlich von der Kooperation der Angehörigen ab. Die Behandlung kann nur erfolgreich sein, wenn sowohl der Patient als auch die Angehörigen die Ziele akzeptieren (z. B. Reduzierung der Medikation, Aktivitätszunahme, Rückkehr zur Arbeit usw.) und nachweislich aktiv am Programm teilnehmen.

4.7 Multimodale Programme

4.7.1 Ausgangspunkte

Therapeutischen Schrot auf Schmerzmechanismen abfeuern: multimodale Programme

Multimodale Therapieprogramme, wie sie in den vergangenen Jahren entstanden sind, basieren auf zwei Annahmen:

1. Chronische Kopfschmerzen haben keine einzelne identifizierbare Schmerzursache, sondern sind das Ergebnis vielfältiger Ursachen und Einflussfaktoren.
2. Chronische Schmerzen lassen sich – unabhängig davon, um welche spezifische Schmerzerkrankung es sich handelt – mit einem Cocktail aus verschiedenen therapeutischen Interventionen erfolgreich behandeln.

Solche Programme können entweder nach dem Prinzip des Schrotschusses angewendet werden, d. h. alle Module werden durchgearbeitet – nach der Devise: das Wesentliche wird dabei immer mitgetroffen –, oder der Therapeut kann in Abhängigkeit von der Diagnose einen spezifischen Behandlungsplan aus den Modulen zusammenstellen. Das letztere Verfahren sollte angewendet werden, wenn eine individuelle Diagnostik möglich ist. Im Gruppensetting ist auf Grund der zu erwartenden Unterschiede zwischen den Patienten hingegen meist ein standardisiertes Vorgehen empfehlenswert.

Die meisten deutschsprachigen multimodalen Programme folgen im Wesentlichen einem verhaltenstheoretischen Konzept der Schmerzentstehung und -aufrechterhaltung auf der Basis einer psychobiologischen Schmerztheorie, wie sie diagnostisch am ehesten im MASK-P realisiert wird (siehe Kapitel 3.4). Kernannahmen sind die Konditionierbarkeit von Schmerzverhalten, Annahmen über gesundheitsförderndes Coping und über die emotionalen, kognitiven und physiologischen Anteile der Stressreaktionen.

Im deutschsprachigen Raum haben sich drei manualgesteuerte multi-modale verhaltensmedizinische Programme zur Kopfschmerztherapie empirisch bewährt: das von Heinz-Dieter Basler und Birgit Kröner-Herwig herausgegebene *Marburger Schmerzbewältigungsprogramm* (Basler & Kröner-Herwig, 1998), das darauf basierende *Psychologische Trainingsprogramm* für Patienten mit chronischen Kopf- und Rückenschmerzen von Basler und Mitarbeitern (Basler, 2001) und die *Konkordanztherapie* von Gerber, Miltner, Birbaumer und Haag (1989), das für Migränepatienten entwickelt wurde, unserer Ansicht nach aber für viele Patienten mit psychophysiologischen Erkrankungen geeignet ist. Die Konkordanztherapie ist das Manual mit dem inhaltlich breitesten Spektrum an therapeutischen Übungen und wird deshalb hier ausführlicher dargestellt.

4.7.2 Die Konkordanztherapie

Konkordanztherapie: Therapeutische Beeinflussung der Wechselwirkungen zwischen subjektiv-verbalen, motorisch-verhaltensmäßigen und physiologischen Reaktionen

Die meisten vorliegenden Therapiemanuale folgen einem sehr weit gefassten und allgemeinen bio-psycho-sozialen Krankheitsmodell und sind in ihrer Ausformulierung sehr pragmatisch konstruiert (alles machen, was sich als erfolgreich erwiesen hat). Dagegen beziehen sich die therapeutischen Vorschläge und Interventionen der in Tübingen entwickelten *Konkordanztherapie* auf Defizite in der psychobiologischen Selbstregulation des Patienten als Ursache für die Kopfschmerzen. Während die meisten vorliegenden Manuale diesen Aspekt vernachlässigen, weil er therapeutisch auch nicht einfach umzusetzen ist, stellen ihn Dieter Gerber und Kollegen ausdrücklich in den Mittelpunkt, weil sie Kopfschmerzen als eine psychophysiologische Störung betrachten, für die eine rein kognitiv-behaviorale Behandlung unzureichend bleiben muss. Die Autoren haben neben dem Therapiemanual auch ein Medienband vorgelegt, in dem alle notwendigen Materialen für eine Therapie enthalten sind.

Das Therapiekonzept der Konkordanztherapie bezieht sich auf die Wechselwirkung zwischen subjektiv-verbalen, motorisch-verhaltensmäßigen und physiologischen Reaktionen. Ein besonderer Schwerpunkt liegt dabei auf der Wahrnehmung von durch Belastung evozierten Körperreaktionen, denn jede subjektive, emotionale Reaktion ist letztlich an ein physiologisches Substrat gebunden. Auch begleitende motorische Reaktionen des Ausdrucks sind mit physiologischen und subjektiven Zuständen eng verknüpft. Die Konkordanztherapie enthält als einziges Therapiemanual mehrere therapeutische Sitzungen, die sich der Wechselwirkung zwischen Stress einerseits und emotionalen wie symptomatischen Reaktionen andererseits widmen. Die Autoren nahmen damit schon vorweg, was jetzt beispielsweise im diagnostischen System MASK-P für chronische Schmerzpatienten eine ausreichende Würdigung fand, nämlich dass viele chronische Kopfschmerzpatienten Defizite im Hinblick auf die Wahrnehmung ihrer körperlichen Reaktionen und ihrer Gefühle aufweisen und dass sie oft wenig fähig sind, ihre Gefühle nonverbal und mimisch zu äußern, woraus eine Diskrepanz zwischen dem Erleben und Verhalten entsteht (Bischoff, 1989; Traue, 1989,

Die Konkordanztherapie zielt auf die ungünstigen bzw. schädigenden Diskordanzen zwischen verschiedenen Ebenen des Verhaltens

1998). Die ungenügende viszerale Selbstwahrnehmung und das Fehlen von Fertigkeiten hinsichtlich subjektiv-verbaler und motorischer Verhaltenskorrelate mag ein entscheidendes Defizit bei Patienten mit chronischen Kopfschmerzen sein. Die Konkordanztherapie zielt direkt auf die für den Patienten ungünstigen bzw. schädigenden Diskordanzen zwischen verschiedenen Ebenen des Verhaltens und darauf, dass die Patienten lernen, diese Diskrepanzen zu erkennen und zu verändern. Ferner soll der Patient therapeutische Strategien erlernen, die eine angemessene Bewältigung bzw. Veränderung der Diskordanz zwischen Denken, Fühlen und Handeln ermöglichen.

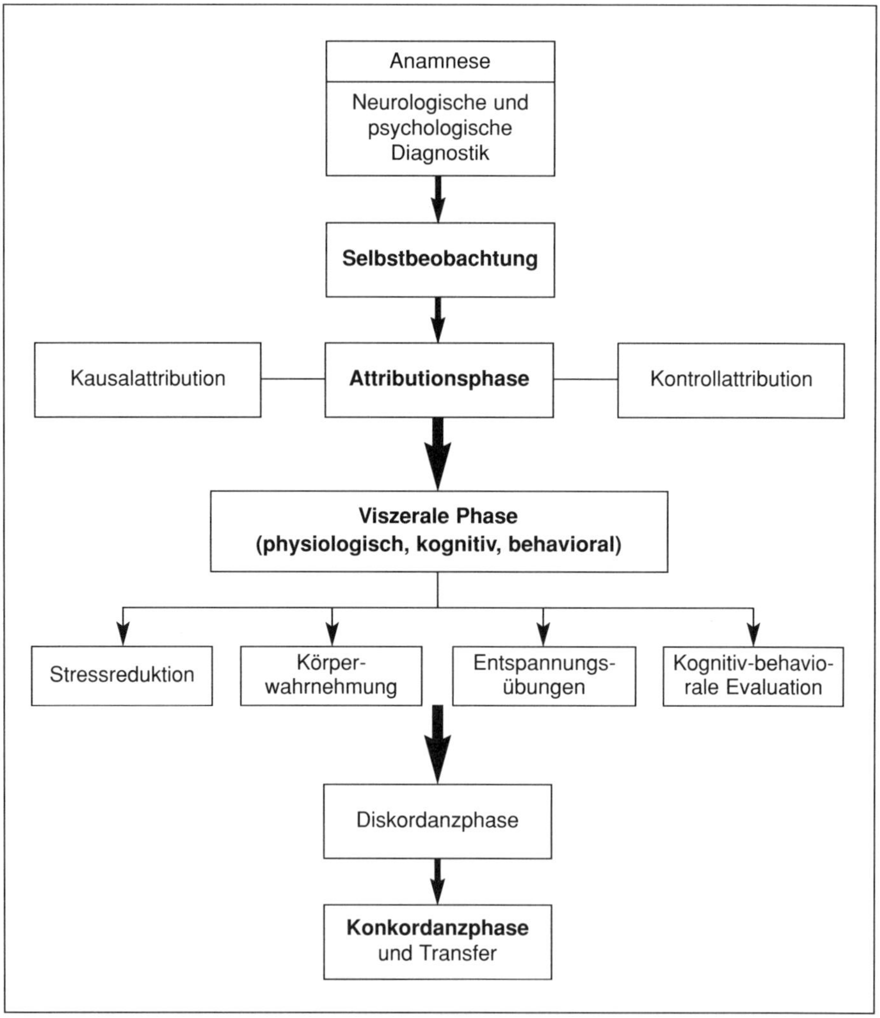

Abbildung 6:
Schematischer Ablauf der Konkordanztherapie

Das Flussdiagramm in Abbildung 6 schematisiert das therapeutische Vorgehen. Das gesamte Therapieprogramm läuft dabei in verschiedenen Phasen ab, die insgesamt 30 Sitzungen umfassen. Eigentlich ist diese therapeutische Variante nur in Gruppensitzungen durchführbar, weil neue Verhaltensweisen mit Hilfe von Rollenspielen erlernt werden sollen. Viele der therapeutischen Übungen sind zudem auf die Bearbeitung bestimmter Alltagsthemen und Problemstellungen zentriert, von denen die Autoren annehmen, dass sie für Patienten auch von allgemeiner Bedeutung sind.

Auf spezifische Kausal- und Kontroll-attributionen des Patienten achten!

Interviewphase: Die Interviewphase bezieht sich auf die medizinische und psychologische Diagnostik. Im Wesentlichen werden in dieser Phase eine systematische Verhaltensanalyse sowie krankheitsspezifische, medizinische (z. B. neurologische) Untersuchungen durchgeführt. Die Interviewphase sollte die differenzielle Indikationsstellung erleichtern und die Notwendigkeit der Durchführung einer Konkordanztherapie klären helfen. Indiziert ist Konkordanztherapie bei Patienten mit nachweislichen Diskordanzen zwischen Denken, Handeln und Fühlen. Darüber hinaus ziehen Patienten mit überzogenen Einstellungs- und Verhaltensmustern sowie depressiven Stimmungslagen Nutzen aus diesem Behandlungsansatz. In der systematischen Verhaltensanalyse sollte auf die spezifischen Kausal- und Kontrollattributionen geachtet werden, nach denen die Patienten ihre Störungen eher als organisch bedingt ansehen oder eher auf psychische Faktoren zurückführen. Zur Messung der verschiedenen Ausprägungsgrade der Attributionen enthält der Materialienband einen entsprechenden Bogen. In der Interviewphase ist besonders auf die Frage Wert zu legen, inwieweit der Patient bereit ist, eventuell allzu medizinisch orientierte Kontrollattributionen im Hinblick auf die zunehmende Verwendung von Selbstregulationsstrategien zu ändern.

Tagebuch-aufzeichnungen nutzen!

Selbstbeobachtungsphase: Nach einer positiven Indikationsstellung für Konkordanztherapie soll der Patient über mehrere Wochen jeden Tag seine Krankheitssymptome mit Hilfe eines Kopfschmerz-Tagebuches aufzeichnen. Die Tagebuchaufzeichnungen, bei denen die Patienten täglich oder stündlich ihre Beobachtungen über verschiedene Symptome bzw. deren Ausprägungen, Stimmungen und eventuelle Verhaltensweisen festhalten, dienen der Verbesserung der Diagnostik und sind ein wichtiger Schritt zur Förderung der Mitarbeit des Patienten.

Attributions-verhalten verändern!

Attributionsphase: Die eigentliche Behandlung beginnt mit der Attributionsphase, in der überzogene medizinisch-organische Kausalattributionen geändert werden. Anstelle von verbalen Überzeugungsversuchen sollten die Patienten durch real induzierte Stressinduktionen systematisch die kognitiven, physiologischen und verhaltensmäßigen Bedingungen der Erkrankung unmittelbar erfahren. Dies bedeutet, dass die Patienten durch das Erleben von Körperveränderungen (z. B. Hitze im Kopf, Druck im Magen) die Rolle situativer Stressoren erkennen sollen. Gleichzeitig wird anhand der individuellen Symptomatik des Patienten die Bedeutung einer multifaktoriellen

Sichtweise erläutert und es werden pathophysiologische Vorgänge erklärt. Hier ist auch die Rolle selbstregulativer Prozesse zu bearbeiten.

Psychophysiologische Wechselwirkungen erarbeiten!

In der *viszeralen oder Interozeptionsphase* wird besonderer Wert auf die Wahrnehmung von Körpervorgängen gelegt. Körperwahrnehmungsübungen, wie sie aus der Bioenergetik und den körperorientierten Techniken bekannt sind, helfen dabei. Zur Selbstregulation autonomer Körpervorgänge sollen progressive Muskelentspannung sowie physiologisch-imaginative Übungen eingeführt werden, die zugleich auch ein erster Schritt zur Bewältigung von stressinduzierten Körpervorgängen darstellen können.

Im Verlaufe der etwa zehn Sitzungen umfassenden viszeralen Phase soll der Zusammenhang zwischen belastenden, situativen und sozialen Bedingungen und körperlichen Reaktionen erarbeitet werden. Während dieses Abschnittes der Therapie werden die Patienten ständig mit der Frage konfrontiert, was sie gerade körperlich empfinden. Erst nachdem sichergestellt ist, dass die Patienten nach solchen Übungen in der Lage sind, ihre körperlichen Prozesse genauer wahrzunehmen, wird in weiteren stressinduzierten Situationen neben den körperlichen Prozessen vermehrt auch auf kognitive Vorgänge geachtet. Dies bedeutet, dass die Patienten neben der zentralen Frage nach ihrem körperlichen Befinden nun auch danach gefragt werden, was sie gerade denken. Es ist dabei besonders wichtig, dass der Therapeut immer wieder Körperempfindungen, Emotionen und Kognitionen der Patienten abfragt. In einem dritten Schritt wird dann auch auf das offen beobachtbare Verhalten geachtet. Zu diesem Zwecke wurden in der Konkordanztherapie Übungen eingeführt, bei denen neue Verhaltensweisen erlernt werden. In dieser Phase können Videoaufnahmen die Analyse eventueller Verhaltensdefizite erleichtern. Etwaige Diskrepanzen bzw. Diskordanzen zwischen den einzelnen Verhaltenselementen sollen erkannt und bereits in dieser Therapiephase korrigiert werden.

Diskordanzen erkennen und verändern!

Diskordanzphase: Diese Phase richtet sich vorwiegend auf die Untersuchung von Wechselwirkungen verschiedener Verhaltenselemente. Es soll z. B. auf Inkonsistenzen zwischen Mimik und Gedanken sowie Körperempfinden geachtet werden. Im Vordergrund steht die Frage, wie das körperliche Unbehagen erklärt werden kann (welche Gedanken und Verhaltensweisen liegen zu Grunde?). Gleichzeitig werden Strategien besprochen und erprobt, die zu einer Veränderung dieser Diskrepanzen (Ziel ist Konkordanz) führen. Die Patienten werden dabei systematisch in die Techniken der kognitiven Umstrukturierung, der Selbstverbalisation, der systematischen Entspannung (Jacobson'sches Relaxationstraining), der Selbstregulation autonomer Systeme (Körperwahrnehmungstraining) und mit Hilfe des Social-Skill-Trainings in den Erwerb neuer Verhaltensweisen eingewiesen.

Nach Konkordanz suchen!

Konkordanzphase: Das primäre therapeutische Ziel der Konkordanztherapie bezieht sich auf das Erreichen von Konkordanz der drei Ebenen. Der Patient soll in dieser Phase lernen, selbst Strategien zu suchen und anzuwenden, die auf eine Stabilisierung der physiologischen Prozesse gerichtet sind. Dies kann sowohl Veränderungen von Kognitionen, die Aneignung alternativer Verhaltensmuster als auch physiotrope Verfahren (Entspannungstechniken) einbeziehen. Das therapeutische Bemühen soll dabei darin bestehen, den Patienten in jeder Phase seiner Konkordanzsuche zu bekräftigen.

Auf den Alltag übertragen!

Transferphase: Eine wichtige Zielsetzung der Konkordanztherapie ist die bessere Bewältigung belastender Alltagssituationen. Aus diesem Grunde müssen Probleme des Transfers von der Therapiesituation auf den Alltag besonders beachtet werden. Gemeinsam mit dem Patienten sollen die im Laufe der Therapie ermittelten belastenden Bedingungen des Alltags analysiert und im Sinne des konkordanztherapeutischen Prozesses zunächst im Rollenspiel und dann von dem Patienten selbst im Alltag verändert werden.

Attributions-, viszerale, Diskordanz-, Konkordanz- und Transferphase charakterisieren den therapeutischen Prozess hinsichtlich struktureller Merkmale. Bei der Konkordanztherapie handelt es sich allerdings auch um eine *themenzentrierte* Behandlung, in der für Patienten mit psychophysiologischen Störungen typische Problembereiche in Orientierung an diesen strukturellen Merkmalen bearbeitet werden (nach Gerber et al., 1989):

Kausal- und Kontroll-attributionen bearbeiten!

Attributionsproblematik: Ein wesentliches Merkmal bei Patienten mit psychophysiologischen Störungen ist die häufig zu Beginn einer Behandlung eher medizinisch-organisch orientierte Erklärung ihrer Symptomatik (Kausalattribution) und die vorwiegend auf medikamentöse Therapie ausgerichtete Behandlungserwartung (Kontrollattribution). Ein wesentliches Ziel der Konkordanztherapie ist es, die Selbstkontrollmechanismen der Patienten zu fördern. Durch eine Reihe von Verfahren sollen die Patienten dazu angeleitet werden, zunehmend eigenverantwortlich Techniken zur adäquaten Bewältigung ihrer Störungen anzuwenden und zunehmend auf die zum Teil ungünstige Fremdhilfe (z. B. Schmerzmedikation) zu verzichten.

Positive Gefühle äußern lernen!

Positive Gefühle äußern: Patienten mit psychophysiologischen Störungen haben allgemein Schwierigkeiten, ihre Gefühle wahrzunehmen und sie zum Ausdruck zu bringen. Der Patient soll lernen, mit den Empfindungen von Lob und Dank ohne zu starke Erregung umzugehen. Nach unseren Erfahrungen haben Patienten größere Schwierigkeiten, Geschenke, Komplimente, Dank und dergleichen anzunehmen als sie selbst anderen zu geben.

Körperliche Nähe tolerieren lernen!

Körperkontakt: Es wird berichtet, dass Patienten mit psychophysiologischen Störungen auch Schwierigkeiten mit dem Erleben von Nähe und Distanz haben. Körperkontakt, eigene und fremde Körpergerüche werden oftmals als befremdend erlebt und verursachen unangenehme Körperempfindungen. In der Gruppe eignen sich die Körperkontaktübungen zugleich auch dazu, eine Atmosphäre des Vertrauens und der Nähe herzustellen, was sich für die weitere Gruppenarbeit als günstig erweisen kann. Körperkontaktübungen sind für manche Patienten stark belastend. Ein vorsichtiges therapeutisches Vorgehen erscheint daher unbedingt erforderlich.

Selbstbehauptung differenziert fördern!

Forderungen stellen bzw. ablehnen: Patienten mit psychophysiologischen Störungen stellen erfahrungsgemäß oft hohe Leistungsanforderungen an sich selbst und neigen dazu, an sie herangetragene Forderungen zu erfüllen und sich übermäßig verantwortlich zu fühlen. Sie können nicht Nein sagen, aus Angst vor negativen Konsequenzen. In der Akzeptanz der ihnen von außen vorgegebenen, im Laufe der Zeit internalisierten sozialen Normen stellen sie auch keine Forderungen an ihre Umgebung. Es ist Ziel der Therapie, dass der Patient lernt, zu seinen eigenen Forderungen zu stehen.

Umgang mit Kritik

Kritik äußern bzw. ertragen: Eng verknüpft mit dem Erlernen, Forderungen zu stellen, scheint auch die für viele Patienten äußerst problematische Bewältigung von kritischen Äußerungen anderer Personen zu sein. Entwicklungspsychologische Untersuchungen konnten zeigen, dass Kinder mit Migränesymptomen oder Asthma vermehrt zur Furcht vor Misserfolg neigen. Die meist äußerst sensiblen Personen unternehmen vielfach Aktivitäten, die zur Vermeidung von Misserfolgserlebnissen beitragen. Ihre Selbstbestätigungen werden weitgehend aus guten Leistungen gezogen. Aus diesem Grunde neigen sie häufig zur Selbstüberforderung. Kritik wird meist als aversiv erlebt und führt dazu, dass sich die ganze Person in Frage gestellt sieht. Das Ertragen und Formulieren von kritischen Ärger- und Unmutsäußerungen stellt somit einen wichtigen Bereich der Therapie dar.

Aggression zum Thema machen und entsprechendes Verhalten einüben

Umgang mit Aggressionen: Als Steigerung der Thematik *Forderung und Kritik* erscheint es gerade bei Patienten mit psychophysiologischen Störungen wichtig, dass sie lernen, ihre Aggressionen anderen gegenüber zum Ausdruck zu bringen. Oft werden Aggressionen entweder ganz geleugnet oder sie werden indirekt und manchmal unkontrolliert geäußert. Das *befreiende* Ausagieren berechtigter Aggressionen bereitet häufig Angst und Mühe. Auf der anderen Seite sind die Patienten durch aggressive Äußerungen ihrer Umgebung sehr belastet und zeigen oftmals ein ausgeprägtes Vermeidungsverhalten, ziehen sich zurück oder gehen Konflikten aus dem Weg. Die Bewältigung von Aggressionen anderer und das Ausleben eigener Aggressionen soll daher in der Therapie thematisiert werden.

Ambivalenzen aushalten lernen!

Ertragen von Ambivalenzen: Viele Kopfschmerzpatienten haben Ambivalenzkonflikte. So ist es manchen von ihnen kaum möglich, sozial unerwünschte Verhaltensweisen bei sich selbst zu dulden. Unordentlichkeit, Unpünktlichkeit werden für die eigene Person negiert, da sie zu erheblichen Konflikten mit der Umgebung führen können. Die Patienten sind oftmals nicht fähig, solche Ambivalenzen längerfristig zu ertragen und fühlen sich dazu gedrängt, den realen oder imaginären Forderungen anderer Personen gerecht zu werden. Die Bewältigung solcher Ambivalenzkonflikte ist damit besonders wichtig.

Lust und Liebe

Partnerschaft und Sexualität: Patienten mit Kopfschmerzen haben nicht mehr Partner- und Sexualprobleme als Gesunde, jedoch lassen sich in Familien, in denen psychophysiologische Störungen auftreten, häufig krankheitsfördernde Verhaltenstendenzen erkennen. Es ist dabei besonders wichtig, auf die spezifischen Verstärkungskontingenzen und -modalitäten einzugehen und eventuell ungünstig bekräftigende Strategien zu beeinflussen.

Schmerz als bewältigbare Erkrankung annehmen!

Schmerzbewältigung: Einen besonderen Schwerpunkt in der Konkordanztherapie stellt die spezifische Bewältigung der belastenden Krankheitssymptome dar. Während die vorgenannten Themen den Patienten häufig nicht adäquat als Problembereiche bewusst sind, stellen die Kopfschmerzen als psychophysiologische Störung selbst einen dominanten Faktor im Erleben des Patienten dar. Im Vordergrund der Konkordanztherapie steht die Analyse und Veränderung von Strategien, die die Symptomatik beeinflussen bzw. verstärken können, vor allem die kognitiven Prozesse und hier insbesondere die ungünstige Aufmerksamkeitszuwendung zur eigenen Symptomatik. Aber auch ungünstige Verhaltensmuster, die im Zusammenhang mit der Bewältigung der Schmerzsymptome auftreten, müssen in der Therapie besprochen und verändert werden. Ein besonderer Schwerpunkt liegt dabei in der verhaltensorientierten Bewältigung der Symptome etwa in Form von Rollenspielen. Zum Beispiel sollte der Migränepatient wiederholt einen seiner letzten Anfälle im Rollenspiel darstellen, um in der Gruppensitzung durch alle beteiligten Gruppenteilnehmer adäquate Bewältigungsstrategien zu eruieren.

4.7.3 Die Grenzen der manualgesteuerten Therapie

Multimodale Therapieverfahren haben eine solide Wirksamkeit, aber auch Grenzen!

Abschließend einige Bemerkungen zu multimodalen Schmerzbewältigungsprogrammen: Die klinische Erfahrung und empirische Befunde zeigen, dass es unzureichend ist, das Schmerzgeschehen ausschließlich individuenzentriert zu betrachten, da es ein Zusammenwirken individueller, interaktioneller und institutioneller Prozesse gibt, die das Schmerzgeschehen aufrechterhalten. Hierbei kommt der biografischen Dimension, dem Umgang mit dem Schmerz im sozialen Feld und der Beziehung des Patienten zu Institutionen (z. B. Rentenverfahren) eine wichtige Rolle zu. Neben diesem Zusammenwirken komplexer Faktoren findet die Krankheitsentwicklung in der Zeitachse von Vergangenheit, Gegenwart und Zukunft des Patienten statt – und die Erfahrung einer Schmerzerkrankung steht im Zusammenhang mit dem biografischen Verlauf. Das Auftreten von Kopfschmerzen im Kontext eines kritischen Lebensereignisses wie dem Verlust eines Partners oder beim Übergang von Schule in den Beruf ist anders zu bewerten als Kopfschmerzen, die im Zusammenhang mit Alltagsstressoren stehen. Das heißt, die psychische Besetzung des Körpers durch Verluste, Kränkungserfahrungen und psychische Traumata mit Schmerzen (oder die Konvertierung psychischer Schmerzen in körperliche Schmerzen) kann nur individuell und biografisch berücksichtigt werden. Wenn ein Therapeut manualgeleitet vorgeht, kommen diese Aspekte vermutlich zu kurz, denn die Frage nach der psychischen Funktion des körperlichen Schmerzes im Kontext der

Biografie – also die Frage, ob das Schmerzsyndrom eine unbewusste psychische Stabilisierung bietet, und zwar durch Entlastung von vergangenen, psychisch unbewältigten Ereignissen, Konflikten oder Lebenszusammenhängen, und die Vermeidung einer zukunftsgerichteten Auseinandersetzung mit Konfliktlagen und Überforderungen lässt sich nicht standardisiert therapeutisch bearbeiten.

Ähnliches gilt für die Bedeutung des Schmerzes im zwischenmenschlichen System, in das der leidende Patient eingebettet ist. Veränderungsprozesse – und das heißt hier immer die Reduktion von Schmerzverhalten – können nur gelingen, wenn Rollenverteilungen, die Kommunikation und die Unabhängigkeit und Selbstachtung der Familienmitglieder einer Änderung unterworfen werden. Körperliche Schmerzen können bei einem Scheitern der Veränderungsbemühungen eine die Stabilität wiederherstellende Ersatzfunktion erhalten, indem sie Veränderungen initiieren oder die eingetretenen Veränderungen legitimieren und absichern. Die beziehungsstabilisierende Funktion des Schmerzes kann in der Vermeidung von Distanzierung und Ablösung bestehen, ebenso in der Gewährung von Nähe und Versorgung. Schmerzen können in Auseinandersetzungen um Macht und Einfluss und zum Erhalt eines familiären Status oder einer familiären Identität funktionalisiert werden.

Individualität beachten!

Aus dem Gesagten ergibt sich die Forderung nach einer Behandlungsstrategie, die der Multidimensionalität chronischer Schmerzen gerecht werden kann. Insofern kommt vor der Planung einer Therapie immer die Erfassung der individuellen Komponenten und funktionellen Zusammenhänge des Schmerzsyndroms und die angemessene Analyse der Bedingungen der Schmerzaufrechterhaltung im physiologisch-somatischen, im psychologischen und im sozialen Bereich. Erst eine sorgfältige Analyse des Schmerzproblems ermöglicht die Formulierung von Therapiezielen und die Entscheidung, ob eine manualgesteuerte Therapie im Einzelfall sinnvoll ist. Dies ist in der Schmerztherapie nicht einfach, da sowohl Patient als auch Arzt in der Regel Anhänger eines *eindimensionalen* medizinischen Schmerzmodells sind. Folgt man diesem Modell, kann das Ziel eigentlich nur die vollständige Schmerzremission sein, ein Ziel, dass jedoch nur sehr selten erzielt wird. Der Wunsch nach Schmerzfreiheit und ähnliche trügerische Erwartungen erzeugen einen erheblichen Druck auf Seiten des Therapeuten und des Patienten und führen meistens zu Misserfolg.

4.8 Diagnostik und Behandlung von Kopfschmerz bei Kindern

Folgt man den Aussagen der Deutschen Gesellschaft für Schmerztherapie und -forschung (DGSS), dann ist die Diagnostik kindlicher Kopfschmerzen in der kinderärztlichen Praxis kein besonderes Problem. Nicht so einfach ist jedoch die Kopfschmerztherapie, insbesondere von chronischen Kopfschmerzen. In den letzen Jahren sind aber pragmatische Behandlungsstrategien für Kinder entwickelt worden. Die frühzeitige Behandlung von Kopfschmerzen ist wichtig, da Kopfschmerzen bei Kindern nach Erstmanifestation im Kindesalter bei bis zu 60 % der Patienten auch im Erwachsenenalter weiterbestehen. Nicht ausreichende medizinische Aufmerksamkeit, gestörte Familienkonstellationen und damit verbundene unkontrollierte Selbstmedikation bedingen ein erhöhtes Risiko für Schmerzmittelmissbrauch, medikamentös induzierte Dauerkopfschmerzen und analgetikabedingte Komplikationen (wie z. B. Nierenversagen) und letztlich Chronifizierung.

Chronische Kopfschmerzen bei Kindern sind ein ernstes Problem

Obgleich die Symptome bei Kindern mit Kopfschmerzen nicht sehr von denen Erwachsener abweichen, sollte man bedenken, dass Migräneattacken kürzer als bei Erwachsenen sind. Manche Kindern schlafen ihre Attacken aus. Die Schmerzen sind seltener unilateral und Begleitsymptome wie Photophobie und Reizbarkeit werden seltener erlitten. Dadurch ist die Abgrenzung von Migräne und Kopfschmerz vom Spannungstyp schwieriger.

4.8.1 Problemanalyse und Kopfschmerzkalender bei kindlichen Kopfschmerzen

Für die umfassende psychosoziale Diagnostik und Problemanalyse werden ergänzend zu den Kindern auch die Eltern zum Auftreten der Kopfschmerzen (Auftretenshäufigkeit und -dauer) und der erlebten Schmerzintensität und -qualität befragt. Für die Einschätzung der Beeinträchtigungen durch die Schmerzen in der Schule, zu Hause und in der Freizeit ist dies unerlässlich, weil es kaum psychometrische Instrumente für Kinder gibt. Weitere wichtige Informationen liefern das Verhalten der Kinder bei Schmerzen sowie hilfreiche Schmerzbewältigungsstrategien. Das elterliche Verhalten, insbesondere die Reaktion der Eltern auf die Schmerzen, wird erfragt, ist aber selbst auch Gegenstand der Verhaltensanalyse, um mögliche Verstärkungsprozesse zu erkennen. Schmerzerkrankungen in der Familie können auf mögliches Modelllernen hinweisen. Stresshafte Belastungen ergeben sich aus der Exploration der familiären Situation, möglichen Erziehungsproblemen, dem Verhältnis von Leistungsstand und Leistungsanforderungen der Kinder in der Schule, ihrer Zeiteinteilung und den manchmal äußerst ausgedehnten Freizeitaktivitäten.

Die Zusammenarbeit mit den Eltern ist wichtig

In die diagnostische Phase sollten Informationen zu den Kopfschmerzen und zu Behandlungsmaßnahmen integriert werden, die an die Vorstellungen des Kindes und der Eltern angepasst sind. In diesem Kontext ist auch zu erfragen, welche Erwartungen an die Behandlung geknüpft werden. Wie auch in der differenzierten Diagnostik bei Erwachsenen sollte in der Verhaltensanalyse zwischen Ursachen, Auslösern und aufrechterhaltenden Bedingungen der Kopfschmerzen unterschieden werden.

Kinder und Eltern werden nach dem Erstkontakt motiviert, über einen Zeitraum von 4 bis 6 Wochen getrennt ein Kopfschmerztagebuch zu führen (ein spezielles Kopfschmerztagebuch für Kinder findet man bei Pothmann et al., 1991, und bei Denecke & Kröner-Herwig, 2000). Hierin eingetragen werden die Kopfschmerzen nach Auftreten, Intensität und Dauer, wie auch Auslöser, Auswirkungen der Kopfschmerzen, Begleitsymptome und Medikation. Erfahrungsgemäß führen die strukturierte Wahrnehmung und Dokumentation selbst bei länger bestehenden und häufig wiederkehrenden Kopfschmerzanfällen in einigen Fällen zu Schmerzfreiheit (siehe Kopfschmerz-Tagebuch im Anhang, S. 112–113).

4.8.2 Ernährungsoptimierung

Was Kinder essen dürfen und was besser nicht

Wichtiger als bei Erwachsenen ist das Problem von alimentären Auslösern von Kopfschmerzen, weniger als Nahrungsmittelallergie, sondern als eine Unverträglichkeit von Lebensmittelzusatzstoffen, die bei Kindern nicht selten zu häufigen und schweren migräneartigen Kopfschmerzen führen können. Häufig bestehen zusätzliche Auffälligkeiten wie gastrointestinale Beschwerden, Verhaltens- und Konzentrationsstörungen sowie atopische Erscheinungsformen wie chronisches Ekzem oder Asthma. Entsprechend der Häufigkeit des Auftretens von Unverträglichkeiten empfiehlt die DGSS folgende Nahrungsmittel für mindestens 4 bis 6 Wochen zu vermeiden: Kuhmilch, Lebensmittelfarbstoffe (bunte! Süßigkeiten und Limonaden) und Konservierungsstoffe, Schokolade, Weizenmehl, Eier, Käse, Tomaten, Fisch, Schweinefleisch und Soja. In der Praxis bedeutet dies leider auch einen Verzicht auf viele liebgewonnene Fertigprodukte, der therapeutisch unterstützt sein sollte.

4.8.3 Verhaltenstherapie

Es liegen auch im psychologischen Bereich effektive und effiziente Verfahren für die Behandlung kindlicher primärer Kopfschmerzen vor, die sowohl in der akuten Phase als auch zur Kopfschmerzprophylaxe anwendbar sind. Sie lassen sich 3 Hauptgruppen zuordnen:

1. Entspannungsverfahren wie die progressive Muskelrelaxation nach Jacobson und autogenes Training,
2. Biofeedback-Verfahren (Kröner-Herwig et al., 1992),
3. verhaltenstherapeutische Programme, die neben den beiden erstgenannten Therapieansätzen das Erlernen von Stress- und Schmerzbewältigung in den Mittelpunkt der Behandlung stellen.

Therapiemanual für Kinder

Heike Denecke und Birgit Kröner-Herwig (2000) haben ein spezielles Trainingsmanual für Kinder und Jugendliche vorgelegt, das sich durch gute Ergebnisse auszeichnet. Dieses Programm kann, von einem Therapeuten geleitet, in Einzelkontakten oder in der Gruppe durchgeführt werden.

Das Training ist vorrangig als eine prophylaktische Behandlung zu verstehen, die der Zunahme der Anfälle und der Intensivierung des Leidens vorbeugt. Ein Fokus des Programms sind die individuellen Belastungen, denen sich das Kind ausgesetzt fühlt und die bei der Entwicklung und Aufrechterhaltung des Kopfschmerzes eine wesentliche Rolle spielen. Das generelle Ziel des Trainings ist deshalb darin zu sehen, den Kindern Strategien zur Verhaltensänderung in der anfallsfreien Zeit zu vermitteln, die die schmerzauslösenden psychosozialen und körperlichen Belastungen verringern, den Umgang mit Kopfschmerz verbessern und in der Konsequenz den Kopfschmerz reduzieren. Operante Bedingungen der Aufrechterhaltung könnten auf Grund einer durch das Training erworbenen größeren Selbstsicherheit, Problemlösekompetenz und besseren Schmerzbewältigungsfähigkeit bei den Kindern aufgehoben werden. Das Programm setzt sich aus einem Anamnesegespräch, acht Trainingssitzungen und einem Abschlussgespräch zusammen (siehe Kasten). Die Sitzungen sollten in wöchentlichem Abstand stattfinden. Für die Sitzung sind jeweils etwa 90 Minuten vorgesehen, diese Zeit kann aber in Abhängigkeit von den Erfordernissen der spezifischen Gruppensituation flexibel gehandhabt werden.

Inhalte des Trainings für Kinder im Überblick

1. Anamnesegespräch mit Kind und Eltern einige Wochen vor Beginn des Trainings: Eingangsdiagnostik (ggf. weitere ärztliche Abklärung)
2. Baseline: Führen des Kopfschmerztagebuchs über 4 Wochen hinweg
3. Einheit: *Was passiert in meinem Kopf?* Informationen über den Schmerz
4. Einheit: *Relax!* Erlernen einer Entspannungsübung
5. Einheit: *Nicht schon wieder…* Identifikation von Kopfschmerz-Auslösern
6. Einheit: *Schwarzmalen und Hellsehen.* Umwandlung schwarzer Gedanken in bunte Gedanken
7. Einheit: *Der Aufmerksamkeitsscheinwerfer.* Aufmerksamkeit und Kopfschmerz
8. Einheit: *Ich bin o.k.!* Selbstsicherer Umgang mit Freunden und Familie
9. Einheit: *Die Problemlöse-Treppe.* Problembewältigung
10. Einheit: *Was ein Kopfschmerz-Experte tun kann…* Rückschau auf das Gelernte und Vorausplanung
11. Abschluss des Trainings: Abschlussevaluation inklusive Kopfschmerz-Tagebuch unmittelbar nach Abschlussgespräch mit Kind und Eltern

Denkbar ist auch die Durchführung in der Schule unter Anleitung mit speziell trainierten Lehrern. Eine besonders effiziente Form ist die sogenannte Selbstanwenderbedingung, bei der die Teilnehmer selbstständig schriftliches Material verbunden mit speziellen Übungen durcharbeiten und nur einen telefonischen Kontakt zum Trainer/Therapeuten unterhalten. Solche ökonomischen Formen könnten den breiteren Einsatz dieser Behandlungen erleichtern. Auch dieses Vorgehen mit einem minimalen Therapeutenkontakt zeichnet sich nach bisher vorliegenden Untersuchungen langfristig durch hohe Effektivität bei relativ geringem zeitlichen Aufwand aus. Dies betrifft Veränderungen in der Kopfschmerzstärke und -häufigkeit sowie in der Anzahl der kopfschmerzfreien Tage.

4.8.4 Welche Kinder mit Kopfschmerzen können teilnehmen?

Erprobt zwischen 11 und 14 Jahren

Das Training wurde hauptsächlich für Kinder mit chronischem Kopfschmerz im Alter zwischen 11 und 14 Jahren evaluiert, ist aber auch für jüngere geeignet. Diese Altersgrenzen sollen allerdings den Autoren zufolge nur als Richtgrößen dienen, wichtiger ist das kognitive Entwicklungsstadium des Kindes. So setzt die Bearbeitung der Trainingsinhalte Fähigkeiten wie z. B. abstraktes und hypothetisches Denken voraus.

Die Kinder, die in die Behandlung aufgenommen werden, sollten folgende Kriterien erfüllen: Diagnose: Migräne, Kopfschmerz vom Spannungstyp oder beide Diagnosen (Kombinierter Kopfschmerz). Die Erkrankung sollte länger als 6 Monate andauern und die Anfälle sollten mindestens zweimal im Monat auftreten. Leider sollten die Kinder wegen der Materialien und Unterlagen ausreichende Deutsch-, Lese- und Schreibkenntnisse aufbringen, wodurch fremdsprachige Kinder Probleme hätten. Kinder mit psychopathologischen Auffälligkeiten dürften den Gruppenprozess stören. Insbesondere Kinder mit einem hyperkinetischen Syndrom sind für ein Training in Gruppen nicht geeignet, da sie auf Grund ihrer Störung nicht in der Lage sind, sich in die Gruppe einzufügen und konstruktiv mitzuarbeiten. Ferner sollte gewährleistet sein, dass die Eltern – wenn nötig – die Kinder regelmäßig zu den Trainingssitzungen bringen können.

4.9 Empirische Evidenzen

Psychotherapie bei Kopfschmerz ist evidenzbasiert!

„Es gibt sehr gute empirische Belege (evidence) dafür, dass psychologische Behandlungsformen, hauptsächlich Entspannung und kognitive behaviorale Therapie, wirksam die Schwere und Häufigkeit chronischer Kopfschmerzen bei Kindern und Erwachsenen reduzieren." Zu diesem Schluss kommt die jüngste Cochrane Review von Eccleston et al. von 2003 (www.cochrane.org/cochrane/revabstr/ab003968), bei der 15 Studien mit randomisierten Kontrollgruppen aus dem Zeitraum von 1966 und 1999 die Datenbasis abgaben. Diese Aussage gilt sowohl für die Einzel- als auch die Kombinationsanwendung der psychologischen Therapieverfahren. In ihrem Review-Artikel von 2002 kommen Penzien et al. zum selben Ergebnis.

Neben diesen allgemeinen Aussagen sind folgende Spezifikationen interessant:

Nicht-apparatives Entspannungstraining ist zur Behandlung von *Migräne* und *Kopfschmerz vom Spannungstyp* nachweislich nicht nur in Form von *Progressiver Muskelentspannung*, sondern auch in Form von *Autogenem Training* geeignet (Stetter & Kupper, 2002).

Biofeedbacktraining hat in mehreren Varianten seine gute und anhaltende Effizienz in der Behandlung der *Migräne* bewiesen: als *Vasokonstriktionstraining*, *Handerwärmungstraining*, *autogenes Feedbacktraining*, sogar als *EMG-Biofeedback*. Am wirksamsten scheinen Handerwärmungstraining und autogenes Feedbacktraining zu sein; Handerwärmungstraining erzielt v. a. bei Kindern beeindruckende Effektstärken (Blanchard & Andrasik, 1987; Hermann et al., 1995, 1997). Allerdings lassen sich Biofeedbackverfahren in ihrer Wirksamkeit kaum unterscheiden. Auch sind sie einem Entspannungstraining keineswegs überlegen, und Kombinationsbehandlungen von Biofeedback und Entspannung erbringen keinen zusätzlichen Effekt.

Entspannung und *Biofeedback* reduzieren *Migräne* im selben Ausmaß wie *Ergotaminpräparate* bzw. der *Beta-Blocker Propanolol*. Längerfristig dürften die psychologischen Verfahren überlegen sein (Holroyd & Penzien, 1990).

Bei *Kopfschmerzen vom Spannungstyp* ist die hervorragende Wirksamkeit von *EMG-Biofeedbacktraining* schon seit längerem in metaanalytischen Studien belegt (z. B. Bogaards & ter Kuile, 1994). Katamnestische Untersuchungen belegen die Dauerhaftigkeit des Therapieeffekts. Auch hier gilt jedoch, dass *Entspannungstraining* Effektstärken in derselben Höhe erreicht. Für die Behandlung von Migräne bzw. des KST gilt gleichermaßen: Da Biofeedback apparativen Aufwand bedeutet, ist man geneigt, dem Entspannungstraining den Vorzug zu geben. Es gibt jedoch Hinweise dafür, dass nicht unbedingt dieselben Patienten auf Biofeedback bzw. Entspannungstraining positiv ansprechen (Andrasik, 1989). Für eine differenzielle Indikationsstellung fehlt bisher allerdings die wissenschaftliche Basis.

EMG-Biofeedback ist bei der Behandlung von *KST* wirksamer und nachhaltiger als medikamentöse Behandlung mit *Diazepam* (Paiva et al., 1992) bzw. mit *individualisierter Medikation aus Analgetika, Sedativa, Antidepressiva und/oder Muskelrelaxanzien*. Der Therapieerfolg bei Biofeedback hängt von *Patientenmerkmalen* ab. Am meisten profitieren jüngere, nicht depressive Patienten mit einem geringen Medikamentenkonsum und einer eher geringen Kopfschmerzaktivität. Wichtig ist eine internale Kontrollüberzeugung der Patienten, also die Überzeugung, selber aktiv etwas gegen die Kopfschmerzen unternehmen zu können (Hudzinski & Levenson, 1985). Von prädiktivem Wert ist auch das Geschehen am Anfang des Trainings:

Je besser es den Patienten in der ersten Biofeedbacksitzung gelingt, in Anwesenheit ihres zukünftigen Therapeuten die Muskelspannung zu reduzieren, desto deutlicher die Schmerzreduktion im Verlauf des Trainings.

Bei aller Effizienz: über den *Wirkmechanismus* von EMG-Biofeedback wird heftig diskutiert (vgl. Abbildung 7).

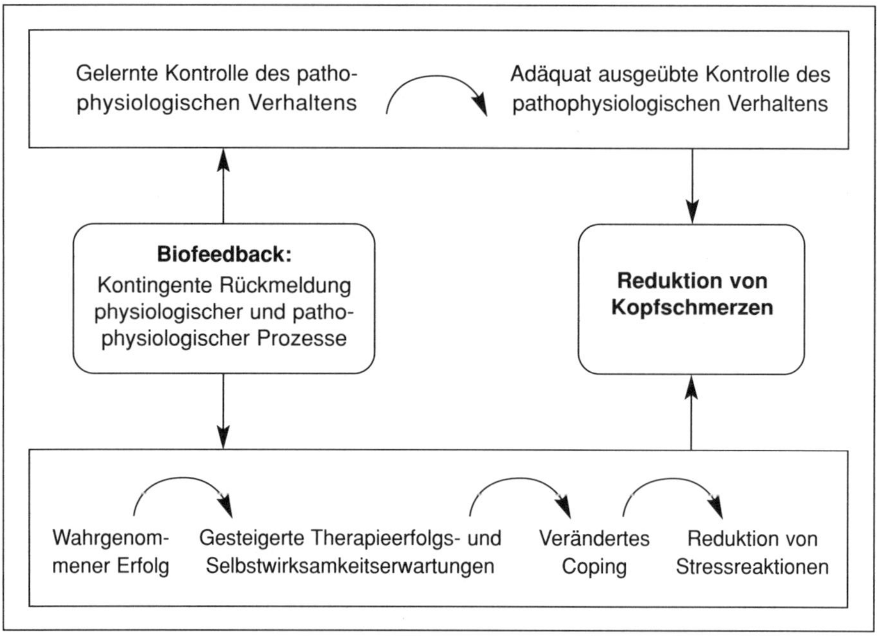

Abbildung 7:
Modell des physiologischen Lernens (oben) und Modell des psychologischen Lernens (unten) durch Biofeedbacktraining (in Anlehnung an Holroyd & Penzien, 1994)

Reduziert das Training Muskelverspannungen und lindert dadurch die Schmerzen *(Modell des physiologischen Lernens)* – diese Vorstellung hatten die Väter des EMG-Biofeedbacktrainings bei seiner Einführung – oder entfaltet es seine Wirkung, weil es die Selbsteffizienzerwartungen des Patienten steigert *(Modell des psychologischen Lernens)*? Zum gegenwärtigen Zeitpunkt hat es den Anschein, als würde im Wettstreit dieser Modelle das psychologische Lernen das Rennen machen (Bischoff & Dahlinger, 1994; Schiller & Bischoff, 2000).

Kognitive Therapie und *Stressbewältigungstraining* sind hoch wirksame Therapieverfahren bei *Migräne* und *KST*. In der Regel sind jedoch ihre *unmittelbaren* Therapieeffekte nicht größer als die von *Entspannung mit oder ohne apparative Unterstützung*. Allenfalls hinsichtlich der *Langzeiteffekte* schneiden sie etwas besser ab. Dies zeigen die Studien von Holroyd und Kollegen für den Vergleich von kognitiver Therapie und EMG-Biofeedbacktraining bei Patienten mit KST (Holroyd & Penzien, 1994). Andererseits erhöht kognitive Therapie bei diesen Patienten nicht die von vornherein schon sehr gute Wirksamkeit eines Entspannungstrainings (Murphy et al., 1990). Interessanterweise ist kognitive Therapie bei Migränikern wirksamer, wenn ihr ein Vasokonstriktionstraining vorgeschaltet wird, als bei inverser Reihenfolge der beiden Therapieelemente – ein Hinweis darauf, dass die Patienten besser profitieren, wenn man ihnen zunächst ein körpernahes Angebot macht (Kropp et al., 1997).

Als besonders therapieresistent gelten *chronische KST*. *Stressbewältigungstraining* hat einen moderaten positiven Effekt – vergleichbar dem von *antidepressiver Medikation.* Wir stoßen hier auf den besonderen Fall, dass die Kombination von Stressbewältigung und antidepressiver Medikation einen merklich besseren Effekt zeitigt als die Verfahren einzeln (Holroyd et al., 2001; Lipchik & Nash, 2002).

Zu *multimodaler Verhaltenstherapie* – bei der ja all die psychologischen Therapieelemente kombiniert werden – gibt es unseres Wissens bislang keine metaanalytischen Untersuchungen, wenngleich ihre Wirksamkeit im Einzelnen durchaus belegt ist (siehe Kapitel 4.7). Es hat sich auch herausgestellt, dass multimodale Verhaltenstherapie bei von Migräne geplagten Kindern der pharmakologischen Prophylaxe mit Metoprolol überlegen ist (Sartory et al., 1998). Allerdings ist in Anbetracht der meist gleichen Effektivität von einzelnen Methoden und Zweier-Kombinationen dieser Verfahren zu fragen – und bleibt zu prüfen –, ob Multimodalität, insofern sie sich nicht nur durch längere Therapiedauer auszeichnet, tatsächlich einen Fortschritt gegenüber den Einzelverfahren darstellt.

Abschließend ein Wort zum *Medikamentenentzug*: Entzugsbehandlungen – wie in Kapitel 4.4 beschriebene – sind wirkungsvoll: Über den Zeitraum von 6 Monaten nach Entzug weisen 73 % der behandelten Patienten eine Reduktion der Schmerztage um mehr als 50 % auf. Noch nach drei Jahren liegt diese Erfolgsrate über 60 %. Als Prädiktoren für den Rückfall in den Abusus gelten: Kopfschmerz vom Spannungstyp als primäre Kopfschmerzform, Depression, zusätzlicher Abusus anderer Medikamente und männliches Geschlecht (Fritsche et al., 2000).

4.10 Was Frau D. geholfen hat

Kopfschmerzen vom Spannungstyp: Die Therapie bei Frau D.

Aus der Diagnose „Kopfschmerz vom Spannungstyp mit Beteiligung der perikranialen Muskulatur“ und den Ergebnissen der Bedingungsanalyse ließen sich für die Therapie von Frau D. als Ziele ableiten:

Sensibilisierung für psychophysiologische Zusammenhänge, muskuläre Entspannung, Reduktion sympathischer Erregung, kognitive Umstrukturierung von Verpflichtungsvorstellungen, realistische Einschätzung der eigenen Leistungsfähigkeit und Entpflichtung von der Alleinverantwortung für die emotionale Qualität des Familienlebens.

Eine erste Sensibilisierung für die psychobiologischen Wechselwirkungen zwischen Auslösern – tatsächlichen Belastungen, zeitlicher Hektik und stresserzeugenden Kognitionen – und muskulärer Hyperaktivität konnte durch die Auswertung von Daten der systematischen Selbstbeobachtung und der Schmerzprotokollierung erreicht werden.

In einem weiteren Therapieschritt wurde die Patientin in muskulärer Entspannung und Atemtherapie zur Selbstkontrolle von Muskelspannung und sympathischer Erregung unterwiesen. In Sitzungen mit interaktivem EMG-Biofeedback an der Schläfen- und Nackenmuskulatur (der Patientin wurde während der Therapiegespräche die elektromyografisch registrierte Muskelspannung zurückgemeldet) wurden der Patientin ihre körperlichen Reaktionen auf Kognitionen, Leistungsstressoren und Fantasien erfahrbar gemacht. Die Patientin konnte dann unmittelbar die gelernten Fähigkeiten zur körperlichen Kontrolle erproben und situationsspezifisch einsetzen. Die Patientin lernte auf diese Weise, körperliche Vorgänge, insbesondere Muskelreaktionen und allgemeine vegetative Erregung, mit mentalen Ereignissen, mit der Wahrnehmung von sozialen Situationen und mit Gefühlen in Zusammenhang zu bringen und entweder zu kontrollieren oder in adäquates Handeln umzusetzen.

Im letzten Therapieschritt wurden die aktuellen Vorstellungen von Verpflichtung mit der Biografie der Patientin in Beziehung gesetzt. Die Patientin konnte feststellen, dass diese Kognitionen für die aktuelle Lebenssituation nicht mehr adäquat sind. Realitätsgerechte alternative Vorstellungen wurden gemeinsam erarbeitet und im Gespräch und durch Einüben eines entsprechenden inneren Dialogs gefestigt. Besondere Aufmerksamkeit wurde den Vorstellungen der Patientin über mögliches Versagen im Umgang mit dem erwarteten Kind gewidmet. Dabei gelang es der Patientin, auch über Ängste wegen ihres Alters und der damit einhergehenden Schwangerschaftsrisiken offen zu sprechen. Hier konnten die aus irrationalen Annahmen resultierenden Ängste durch Überprüfung an den Ergebnissen der pränatalen Diagnostik und das explizite Akzeptieren des tatsächlichen Restrisikos deutlich reduziert werden.

Die Kopfschmerzsymptomatik ging im Verlauf der Therapie fast vollständig zurück. In einem katamnestischen Gespräch 6 Monate nach der Geburt des Sohnes zeigte sich, dass der therapeutische Erfolg stabil war.

5 Literatur

Alexander, F. (1950). *Psychosomatic Medicine*. New York: Norton.

Andrasik, F. (1989). Biofeedback applications for headache. In: C. Bischoff, H. C. Traue & H. Zenz (Eds.), *Clinical Perspectives on Headache and Low Back Pain* (pp. 181–200). Toronto: Hogrefe & Huber.

Ashina, M., Bendtsen, L., Jensen, R., Sakai, F. & Olsen, J. (1999). Muscle hardness in patients with chronic tension-type headache: relation to actual headache state. *Pain, 79,* 201–205.

Bakal, D. A. (1982). *The Psychobiology of Chronic Headache*. New York: Springer.

Basler, H. D. (2001). *Chronische Kopf- und Rückenschmerzen*. Göttingen: Vandenhoeck & Ruprecht.

Basler, H.-D., Franz, C. & Kröner-Herwig, B. (Hrsg.). (1998). *Psychologische Therapie bei Kopf- und Rückenschmerz*. München: Quintessenz.

Basler, H.-D., Franz, C., Kröner-Herwig, B., Rehfisch, H. P. & Seemann, H. (Hrsg.). (1999). *Psychologische Schmerztherapie*. Berlin: Springer.

Beck, A. T., Ward, C. H., Mendelssohn, M., Mock, J. & Erbaugh, J. (1961). An inventory for measuring depression. *Archives of General Psychiatry, 4,* 561–571.

Berwald, H. (1999). Schmerzanamnese und biografische Anamnese bei Patienten mit Schmerz als Somatisierung. In: H.-D. Basler, C. Franz, B. Kröner-Herwig, H. P. Rehfisch & H. Seemann (Hrsg.), *Psychologische Schmerztherapie* (S. 265–300). Berlin: Springer.

Bischoff, C. & Dahlinger, E. (1993). Behandlung von Spannungskopfschmerz mit EMG-Biofeedback im Feld – ein Effizienzvergleich mit traditionellem EMG-Biofeedback. *Verhaltenstherapie, 3,* 286–295.

Bischoff, C., Traue, H. C. & Zenz, H. (1999). Spannungskopfschmerz. In: H.-D. Basler, C. Franz, B. Kröner-Herwig, H. P. Rehfisch & H. Seemann (Hrsg.), *Psychologische Schmerztherapie* (S. 357–376). Berlin: Springer.

Bischoff, C. & Lê Hô'ng, M. (1991). Physiodiagnostische Indikatoren bei Spannungskopfschmerzen. *Der Schmerz, 5,* 219–225.

Bischoff, C. & Traue, H. C. (1983). Myogenic headache. In: K. A. Holroyd, B. Schlote & H. Zenz (Eds.), *Perspectives in Research on Headache* (pp. 66–90). Toronto, Lewiston-New York: Hogrefe & Huber Publishers.

Bischoff, C., Zenz, H. & Traue, H. C. (2003). Kopfschmerzen. In: Th. von Uexküll et al. (Hrsg.), *Psychosomatische Medizin*, (6. Auflage). (S. 817–835). München: Urban & Fischer.

Bischoff, C. (1995). Biofeedbacktherapie. *Der Psychotherapeut, 3,* 179–187.

Bischoff, C. (1989). *Wahrnehmung der Muskelspannung*. Göttingen: Hogrefe.

Blanchard, E. B. & Andrasik, F. (1987). Biofeedback treatment of vascular headache. In: J. P. Hatch, J. G. Fisher & J. C. Rugh (Eds.), *Biofeedback – Studies in Clinical Efficacy* (pp. 1–79). New York: Plenum Press.

Blanchard, E. B., Appelbaum, K. A., Radnitz, C. L., Michultka, D., Morrill, B., Kirach, C., Hillhouse, J., Evans, D. D., Guanieri, P., Attanasio, V., Andrasik, F., Jaccard, J. & Dentinger, M. P. (1990). Placebo-controlled evaluation of abbreviated progressive relaxation and or relaxation combined with cognitive therapy in the treatment of tension headache. *Journal of Consulting Clinical Psychology, 58,* 210–215.

Bogaards, M. C. & ter Kuile, M. M. (1994). Treatment of recurrent tension headache: a meta-analytic review. *Clinical Journal of Pain, 10,* 174–90.

Borgeat, F., Elie, R. & Castonguay, L. G. (1991). Muscular response to the therapist and symptomatic improvement during biofeedback for tension headache. *Biofeedback and Self-Regulation, 16,* 147–155.

Bruhn, P., Olesoen, J. & Melgaard, B. (1997). Controlled trial of EMG feedback in muscle contraction headache. *Annals Neurology, 6,* 34–36.

Denecke, H. & Kröner-Herwig, B. (2000). *Kopfschmerztherapie mit Kindern und Jugendliche.* Ein Trainingsprogramm. Göttingen: Hogrefe.

de Tommaso, M., Sciruicchio, V., Guido, M., Sasanelli, G. & Puca, F. (1999). Steady-state visual evoked potentials in headache: diagnostic value in migraine and tension-type headache patients. *Cephalagia, 19 (1),* 23–26.

Dillmann, U., Nilges, P., Saile, H. & Gerbershagen, H. U. (1994). Behinderungseinschätzung bei chronischen Schmerzpatienten. *Der Schmerz, 8,* 100–110.

Ecclestone, C., Yorke, L., Morley, S., Williams, A. C. & Mastroyannopoulou, K. (2003). Psychological therapies for the management of chronic and recurrent pain in children and adolescents (Cochrane Review). *Cochrane Database Syst Rev., 1:* CD003969.

Evers, S., Pothmann, R., Überall, M. Naumann, E. & Gerber, W. D. (2001). Therapie idiopathischer Kopfschmerzen im Kindesalter. Empfehlungen der Deutschen Migräne- und Kopfschmerzgesellschaft (DMKG). *Nervenheilkunde, 6,* 306–315.

Fahrenberg, J., Hampel, R. & Selg, H. (2001). *Das Freiburger Persönlichkeitsinventar FPI-R,* Göttingen: Hogrefe.

Fordyce, W. (1976). *Behavioral Methods for Chronic Pain and Illness.* St. Louis: Mosby.

Fritsche, G., Nitsch, C., Pietrowsky, R. & Diener, H. C. (2000). Psychologische Deskriptoren des Schmerzmittelabusus und des medikamenteninduzierten Kopfschmerzes. *Schmerz, 14,* 217–225.

Geissner, E. (2001). *Fragebogen zur Erfassung der Schmerzverarbeitung.* Göttingen: Hogrefe.

Geissner, E. (1996). *Die Schmerzempfindungsskala.* Göttingen: Hogrefe.

Gerber, W. D. & Schoenen, J. (1998). Biobehavioral correlates in migraine: the role of hypersensitive an information-processing dysfunction. *Cephalalgia, 18,* Suppl. 21, 5–11.

Gerber, W. D., Miltner, W., Birbaumer, N. & Haag, G. (1989). *Konkordanztherapie.* München: Röttger.

Göbel, H., Peterson-Braun, M. & Soyka, D. (1993). Die Prävalenz von Kopfschmerzen in Deutschland. *Der Schmerz, 7,* 287–297.

Göbel, H. & Soyka, D. (1993). *Leitsymptom Kopfschmerz.* Lünen: physis software GmbH.

Haag, G., Baar, H., Grotemeyer, K. H., Pfaffenrath, V., Ribbat, M. J. & Diener, H. C. (1999). Prophylaxe und Therapie des medikamenteninduzierten Dauerkopfschmerzes. Therapieempfehlung der Deutschen Migräne- und Kopfschmerzgesellschaft. *Der Schmerz, 13,* 52–57.

Hasenbring, M. (1994). *Kieler Schmerzinventar (KSI).* Bern: Huber.

Herrmann, C., Blanchard, E. B. & Flor, H. (1997). Biofeedback treatment for pediatric migraine: prediction of treatment outcome. *Journal of Consulting Clinical Psychology, 65,* 611–616.

Herrmann, C., Kim, M. & Blanchard, E. C. (1995). Behavioral and prophylactic pharmacological intervention studies of pediatric migraine: An exploratory meta-analysis. *Pain, 60,* 239–256.

Hiller, W., Zaudig, M. & Mombour, W. (1995). *IDCL – Internationale Diagnosen Checklisten für ICD-10 und DSM-IV* (Manual und 32 Checklisten nach ICD-10 als Bestandteil des Gesamtpakets der ICD-10-Checklisten der WHO). Bern: Huber.

Hoffmann, S. O. & Egle, U. T. (1999). Psychodynamische Konzepte bei psychogenen und psychosomatischen Schmerzzuständen. In: H. D. Basler et al. (Hrsg.), *Psychologische Schmerztherapie* (4. Auflage) (S. 141–160). Berlin: Springer.

Holroyd, K. A. & Penzien, D. B. (1990). Pharmacological versus nonpharmacological prophylaxis of recurrent migraine headache: A meta-analytic review of clinical trials. *Pain, 42,* 1–13.

Holroyd, K. A., Stensland, M., Lipchick, G. L., Hill, K. R., O'Donnell, F. S. & Cordingley, G. (2000). Psychosocial correlates and impact of chronic tension-type headache. *Headache, 40,* 3–16.

Holroyd, K. A., O'Donnell, F. J., Stensland, M., Lipchik, G. L., Cordingley, G. E. & Carlson, B. W. (2001). Management of chronic tension-type headache with tricyclic antidepressant medication, stress management therapy, and their combination: a randomized controlled trial. *JAMA May 2; 285(17):* 2208-15.

Holroyd, K. A. & Penzien, D. B. (1994). Psychosocial interventions in the managemnet of recurrent headache disorders. *Behavioral Medicine, 20 (2),* 53–63.

Hrabal, V., Kessler, M. & Traue, H. C. (1991). Rückenschmerz und Alltagsaktivität. Erste Ergebnisse zum Ulmer Schmerztagebuch UST). *Praxis der Verhaltensmedizin und Rehabilitation, 16,* 290–299.

Hudzinski, L. G. & Levenson, H. (1985). Biofeedback behavioral treatment of headache with locus of control pain analysis: A 20-month retrospective study. *Headache, 25,* 380–386.

Jakob, C., Hrabal, V. & Traue, H. C. (1995). Das Ulmer Schmerztagebuch in der Verhaltenstherapie von Kopfschmerzen – Eine Fallbeschreibung. *Verhaltensmodifikation und Verhaltensmedizin, 1,* 55–83.

Janke, W., Erdmann, G. & Kallus, W. (1985). *Streßverarbeitungsfragebogen.* Göttingen: Hogrefe.

Karwautz, A., Wöber, C., Lang, T., Böck, A., Wagner-Ennsgraber, C., Vesely, C., Kienbacher, C. & Wöber-Bingöl, C. (1999). Psychosocial factors in children and adolescence with migraine and tension-type headache: a controlled study and review. *Cephalagia, 19,* 32–42.

Katsavara, Z. & Diener, H. C. (2003). Medikamenteninduzierter Kopfschmerz. In: H. C. Diener (Hrsg.), *Kopfschmerzen* (S. 67-73). Stuttgart: Thieme.

Kessler, M., Kronstorfer, R. & Traue, H. C. (1996). Depressive symptoms and disability in acute and chronic back pain patients. *International Journal of Behavioral medicine, 3 (2),* 91–103.

Klinger, R., Hasenbring, M., Pfingsten, M., Hürtner, A., Maier, C. & Hildebrandt, J. (2000). *Die Multiaxionale Schmerzklassifikation MASK.* Hamburg: Deutscher Schmerzverlag.

Kopfschmerzklassifikationskomitee der International Headache Society (IHS) (2003). Die Internationale Klassifikation von Kopfschmerzerkrankungen (2. Auflage). *Nervenheilkunde, 22,* 531–670.

Kröner-Herwig, B. (1999). Die Schmerzpersönlichkeit – eine Fiktion? In: Basler, H.-D., Franz, C., Kröner-Herwig, B., Rehfisch, H. P. & Seemann, H. (Hrsg.), *Psychologische Schmerztherapie* (S. 197–211). Berlin: Springer.

Kröner-Herwig, B., Plump, U. & Pothmann, R. (1992). Progressive Muskelrelaxation und EMG-Biofeedback in der Therapie von chronischen Kopfschmerzen bei Kindern. *Schmerz, 6,* 121–127.

Kropp, P., Gerber, W. D., Keinath-Specht, A., Kopal, T. & Niederberger, U. (1997). Behavioral treatment in migraine. Cognitive-behavioral therapy and blood-volume-pulse biofeedback: a cross-over study with a two-year follow-up. *Functional Neurology, 12,* 17–24.

Lipchick, G. L. & Nash, J. M. (2002). Cognitive-behavioral issues in the treatment and management of chronic daily headache. *Current Pain and Headach Report, 6,* 473-479.

Lipton, R. B., Stewart, W. F., Cady, R., Hall, C., Quinn, S., Kuhn, T. & Gutterman, D. (2000). Sumatriptan for the range of headaches in migraine sufferers: results of the spectrum study. *Headache, 40,* 783–791.

May, A., Bahra, A., Büchel, C., Frackowiak, R. S. J. & Goadsby, P. J. (1998). Hypothalamic achrivation in cluster heachache attacks. *Lancet, 352,* 275–278.

Michulka, D. M., Blanchard, E. B., Appelbaum, K. A., Jaccard, J. & Dentinger, P. (1998). The refractory headache patient – 2. High medication consumption (analgesic rebound). *Behaviour Research and Therapy, 27,* 411–420.

Montagna, P., Cortelli, P. & Barbiroli, B. (1994). Magnetic resonance spectroscopy studies in migraine. *Cephalalgia, 14,* 184–193.

Murphy, A. U., Lehrer, P. M. & Jurish, S. (1999). Cognitive coping skills training and relaxation training as treatments for tension headaches. *Behavior Therapy, 21,* 89–98.

Ostertag, D., Strittmatter, M. & Schimrig, K. (1998). Autonome Regulationsstörung bei Migräne und Spanungskopfschmerz. *Der Schmerz, 12,* 25–29.

Paiva, T., Nunes, S., Moreira, A., Santos, J., Rixeira, J. & Varvosa, A. (1992). Effects of frontalis EMG biofeedback and diazepam in the treatment of tension headache. *Headache, 22,* 217–220.

Penzien, D. B., Rains, J. C. & Andrasik, F. (2002). Behavioral management of recurrent headache: three decades of experience and empiricism. *Applied Psychophysiology and Biofeedback, 27,* 163–81.

Pothmann, R. (1990). Kopfschmerzen bei Kindern. *Der Schmerz, 4,* 7–13.

Pothmann, R., Plump, U., Maibach, G., Frankenberg, S. v., Besken, E. & Kröner-Herwig, B. (1991). *Migränetagebuch für Kinder.* München: Arcis.

Russell, M. B., Ostergaard, S., Bendtsen, L. & Olesen, J. (1999). Familial occurence of chronic tension-type headache. *Cephalalgia, 19,* 207–210.

Sartory, G., Müller, B., Metsch, J. & Pothmann, R. (1998). A comparison of psychological and pharmacological treatment of pediatric migraine. *Behavior Research and Therapy, 36,* 1155–1170.

Schiller, A. & Bischoff, C. (2000). Lässt sich die Wirksamkeit von EMG-Biofeedbacktraining bei Kopfschmerz vom Spannungstyp aus physiodiagnostischen Auffälligkeiten der perikranialen Muskulatur vorhersagen? *Verhaltensmodifikation und Verhaltensmedizin, 21,* 260–278.

Schlote, B. M. (1989). Long-term registration of muscle tension among office workers suffering from tension headache. In: C. Bischoff, H. C. Traue & H. Zenz (Eds.), *Clinical Perspectives on Headache and Low Back Pain* (pp. 46–63). Toronto: Hogrefe & Huber.

Siniatchkin, M., Riabus, M. & Hasenbring, M. (1999). Coping styles of headache sufferers. *Cephalagia, 19 (3),* 165–173.

Smith, L. A., Oldman, A. D., McQuay, H. J. & Moore, R. A. (2001). *Eletriptan for acute migraine (Cochrane Review).* http://www.cochrane.org/cochrane/revabstr/ab003224.htm.

Stetter, J. & Kupper, S. (2002). Autogenic training: a meta-analysis of clinical outcome studies. *Applied Psychophysiology and Biofeedback, 27,* 45–98.

Stronks, D. L., Tulen, J. H., Pepplinkhuizen, L., Verheij, R., Mantel, G. W., Spinhoven, P. & Passchier, J. (1999). Personality traits and psychological reactions to mental stress of female patients. *Cephalalgia, 19,* 566–574.

Traue, H. C. (1989). Behavioral inhibition in stress disorders and myogenic pain. In: C. Bischoff, H. C. Traue & H. Zenz (Eds.), *Clinical Perspectives on Headache and Low Back Pain* (pp. 46–63). Toronto: Hogrefe & Huber.

Traue, H. C. (1989). *Gefühlsausdruck, Hemmung und Muskelspannung unter sozialem Streß.* Hogrefe: Göttingen.
Traue, H. C. (1998). *Emotion und Gesundheit.* Heidelberg: Spektrum Akademischer Verlag.
Traue, H. C., Eckenfels, C., Kessler, M., Seeling, J. & Deighton, R. M. Daily stress and headache symptomatology, *International Journal of Behavioral Medicine* (submitted).
Traue, H. C., Gottwald, A., Henderson, P. R. & Bakal, D. A. (1985). Nonverbal expressiveness and activity in tension headache sufferers and controls. *Journal of psychosomatic Research, 29,* 375–381.
Traue, H. C., Hrabal, V. & Kosarz, P. (2000). Alltagsbelastungsfragebogen (ABF): Zur inneren Konsistenz, Validierung und Streßdiagnostik mit dem deutschsprachigen daily stress inventory. *Verhaltensmedizin und Verhaltenstherapie, 21,* 15–38.
Traue, H. C. & Kessler, M. (1992). Myogene Schmerzen. *Zeitschrift für Medizinische Psychologie, 1,* 10–22.
Traue, H. C. & Lösch-Pötzsch, C. (1993). Effects of visual stress in tension-type headache. *Biofeedback and Selfregulation, 18,* 191.
Vaitl, D. & Petermann, F. (Hrsg.). *Handbuch der Entspannungsverfahren. Band 1:* Grundlagen und Methoden (2. Auflage). Weinheim: Psychologie Verlags Union.
Wildgrube, K. (1999). Medikamentenentzug bei Schmerzpatienten. In: D. Basler, C. Franz, B. Kröner-Herwig, H. P. Rehfisch & H. Seemann, (Hrsg.), *Psychologische Schmerztherapie* (775–787). Berlin: Springer.
Wittchen, H.-U., Zaudig, M. & Fydrich, T. (1997). *SKID. Strukturiertes Klinisches Interview für DSM-IV. Achse I und II.* Göttingen: Hogrefe.
Wittrock, D. A. & Myers, T. C. (1998). The comparison of individuals with recurrent tension-type headache and headache-free controls in physiological response, appraisal, and coping with stressors: a review of the literature. *Annals of Behavioral Medicine, 20 (2),* 118–134.

6 Anhang

Kopfschmerz im Internet

Für Fachleute und Patienten gleichermaßen bietet das Internet eine Informationsflut zum Thema Kopfschmerzen. Die Bezeichnung Flut kennzeichnet dabei die schiere Menge des verfügbaren Wissens, die Gefahr des Unübersichtlichen und rasche Änderungen bei den Links. Also Achtung, eine Garantie für die Richtigkeit der Informationen gibt es nicht, denn im Internet herrschen die Gesetze des Dschungels: schnell wachsend will jeder nach oben ans Licht, viele bunte, rasch verblühte Blumen im Laub und sumpfiger Grund, auf dem alles nur mühsam Halt findet.

Das Internet ist ein Dschungel

Das Angebot reicht von den Behandlungsempfehlungen der Fachgesellschaften, an denen sich Therapeuten und Laien orientieren können (und auch sollten), bis zu den unterschiedlichen Informationen aus Selbsthilfegruppen, pharmazeutischen Firmen, privaten Praxen und Homepages, deren Qualität von niemandem überprüft wird. Patienten sind gut beraten, wenn sie die im Internet gefundenen Informationen mit ihren Therapeuten besprechen. Wegen der Solidität der Informationen sollen die Fachgesellschaften an erster Stelle genannt werden: Deutsche Gesellschaft zum Studium des Schmerzes (http://www.medizin.uni-koeln.de/projekte/dgss/), Deutsche Gesellschaft für psychologische Schmerztherapie und Forschung, DGPSF (http://www.med.uni-marburg.de/medpsych/dgpsf/), Schmerztherapeutisches Kolloquium (http://www.stk-ev.de) und die Deutsche Migräne- und Kopfschmerzgesellschaft (http://www.dmkg.org/). Diese Fachgesellschaften informieren im Großen und Ganzen ohne finanzielle Eigeninteressen.

Erste Priorität: die Fachgesellschaften

DMKG: eine gute Adresse

Wegen der besonderen Bedeutung für den Bereich der Kopfschmerzen soll die Deutsche Migräne- und Kopfschmerzgesellschaft (http://www.dmkg.org/) herausgehoben werden, die seit 1979 einen Kreis engagierter Kopfschmerzwissenschaftlicher mit rund 500 Mitgliedern bildet. Ihr gehören überwiegend Neurologen, Anästhesisten und Allgemeinmediziner an, aber auch Psychologen und Pharmakologen. Man findet dort Informationen über therapeutische Möglichkeiten für Patienten mit akuten und chronischen Kopfschmerzen, Hinweise auf die Aus-, Fort- und Weiterbildung über Kopfschmerzen und die Veranstaltung von Kongressen und Fortbildungsveranstaltungen für medizinische Fachberufe. Die DMKG informiert die Öffentlichkeit über aktuelle Forschungsergebnisse und Therapiemöglichkeiten von Kopfschmerzen. Es steht ein postalisches Verzeichnis der Mitglieder zur Verfügung, mit dessen Hilfe Kopfschmerzkranke leichter einen kompetenten ärztlichen Ansprechpartner finden können (z. B. über die Postleitzahl). Aufgeklärt wird über das Thema Kopfschmerz als Volkskrankheit, die Beeinträchtigung insbesondere der Lebensqualität durch Kopfschmerzen und die Folgezustände von Schmerzmittelmissbrauch mit Hinweisen zum Entzug und auf Institutionen, die solche Entzüge durchführen. Man kann unter der Homepage der DMKG auch das Formular eines Kopfschmerztagebuchs abrufen (http://www.dmkg.de/patient/ks_kal.pdf).

Betroffenen-vertretung

Sehr ausführliche Informationen über Formen von Kopfschmerz, neue Behandlungsmethoden, Therapieempfehlungen, Hinweise auf Fachgesellschaften und Pressartikel findet man bei www.Stiftung-Kopfschmerz.de. Dort gibt es auch eine umfassende Linksammlung zu Kopfschmerzen, die einem jedoch in den Dschungel des Internet entführt, in dem man sich leicht verirren kann. Die Stiftung Kopfschmerz versteht sich als Verbrauchervertretung (*Betroffenenvertretung*) und will therapeutische Verfahren auf ihre langfristige Tauglichkeit hin überprüfen. Die Stiftung verfolgt ehrgeizige Ziele, sie will wissenschaftliche Studien zum Thema Kopfschmerz anregen und durchführen, eine Datenbank aufbauen, Beratungsstellen initiieren usw. In ähnlicher Weise arbeitet die Migräneliga (http://www.migraeneliga-deutschland.de). Hier wäre auch die Schmerz-Selbst-Hilfe der Deutschen Schmerzhilfe e. V. (http://www.schmerzselbsthilfe.de) und Deutsche Schmerzliga e. V. (http://www.schmerzliga.de) zu nennen. Auf der Homepage findet der Leser Übersichten zur Selbsthilfe, Definitionen chronischer Schmerzen, psychotherapeutische Behandlungsmöglichkeiten, eine Auseinandersetzung mit Fragen der Ernährung usw. Besondere Informationseinheiten stellen ausführlich dar, wie progressive Muskelentspannung und Meditation bei chronischen Schmerzen wirksam werden.

Das Kopfschmerzforum (http://www.kopfschmerzforum.de/) wendet sich ebenfalls hauptsächlich an Kopfschmerz- und Migränekranke. Aber auch Interessierte, die nicht selber von diesem Leiden betroffen sind, aber mehr über diese Erkrankungen wissen möchten, um Familienangehörige, Freunde oder Arbeitskollegen besser zu verstehen, sind hier richtig. Die verschiedenen Kopfschmerzerkrankungen und ihre Unterschiede werden beschrieben und mit den vielfältigen Behandlungsformen in einen Zusammenhang gestellt. Das Ziel des Kopfschmerzforums ist es, den Kopfschmerzkranken ein Grundwissen über ihre Erkrankung, die richtige Therapie und die Möglichkeiten zur Selbsthilfe und Vorbeugung zu vermitteln. Auch der Austausch zwischen den Besuchern des Kopfschmerzforums kann dort erfolgen.

Kommerzielle Angebote

Natürlich gibt es viele kommerzielle Informationsangebote über Kopfschmerzen. Hier wäre zu nennen das Deutsche Medizin Forum als medizinischer Onlinedienst mit zahlreichen Querverweisen zu anderen Fachdiensten (http://www.medizin-forum.de/diagnosen/kopfschmerz.htm). Das Deutsche Medizin Forum erreicht eine große deutsche Fach-Community mit Foren und Newsgroups. So können beispielsweise Beteiligte aus ganz Deutschland gemeinsam einen übergreifenden Veranstaltungskalender pflegen. Ein solcher Aufbau findet sich konsequent in Diskussionsforen, Newsletters, Mailinglisten, Suchmaschinen, Suchindizes und Verzeichnissen. Ähnlich funktioniert diese Homepage: http://www.meine-gesundheit.de/krank/texte/migrae.htm.

Die meisten pharmazeutischen Firmen haben umfassende Informationen über Kopfschmerzen verfügbar gemacht, wenn sie entsprechende Analgetika anbieten. Hier sollen die Hompages der Firmen GlaxoSmithKline (http://www.migraene-info.de) und von Boehringer Ingelheim (http://www.kopfschmerz.de) als Beispiele genannt sein.

Viele klinische Einrichtungen informieren über das Internet zu Kopfschmerzen. Hier eine kleine und willkürliche Auswahl von Homepages verschiedener Kliniken, Praxen und Universitäten. Dort findet man Definitionen, Therapiemöglichkeiten und Ansprechpartner:
- http://www.medizin.uni-koeln.de/stan/Schmerzmanual/KS/
- http://medweb.unibe.ch/kopfschmerz/
- http://www.schmerzklinik.de/
- http://www.rahmig.de/migraene.htm
- http://www.tcm-luffa-doering.de/ikopfschm.htm
- http://www.uni-ulm.de/klinik/neurologie/migraene.html
- http://www.verhaltensmedizin-online.de/

Alternative Angebote

Alternative Behandlungsmethoden, die meistens nicht von den Kassen übernommen werden, für die sich aber viele Patienten interessieren, umfassen ein großes Spektrum von Akupunktur, über Heilnahrung bis zu Qi Yang. Wer wissen will, um was es sich dabei handelt oder wo er solche Behandlungen bekommen kann, wird natürlich auch im Internet fündig. Manche Verfahren sind dabei umstritten, kommen aus einem anderen Kulturkreis oder werden im fachärztlichen Bereich wenig ernst genommen, wie die Chiropraktik. Beispielsweise bieten die folgenden Homepages dazu Informationen:
- http://www.deam.de
- http://www.akupunktur-aktuell.de/fb_migraene.htm
- http://www.good-qi.de/start2.html
- http://www.chiropraktik.ch/Deutsch/Chiroaktuell/News_Migraene.html

Wem der deutsche Informationsbereich nicht ausreicht, kann sich bei internationalen Fachgesellschaften über Kopfschmerzen schlau machen. Auch hier verzweigt sich das Wissensangebot von den Startseiten in viele spezielle Fachgesellschaften, Foren und Informationsbanken. Was man wissen will, kann man in Erfahrung bringen:
- Amerikanische Schmerzgesellschaften (http://www.pain.com/resources/default.cfm)
- American Council for Headache Education (http://www.achenet.org)
- National Headache Foundation (http://www.headaches.org)
- MAGNUM-Migraine Awareness Group (http://www.migraines.org/about/)
- World Headache Alliance (http://www.w-h-a.org).

Vertrag zur Verminderung des Schmerzmittelverbrauchs

Patient/Patientin: ______________________________

1. Ich bin ernsthaft und dringend daran interessiert, meinen bisherigen Schmerzmittelbedarf zu senken, weil

   ____

   ____

2. Ich weiß, dass ich die Schmerzmittel jetzt nach einem Zeitplan regelmäßig einnehmen muss, damit mein Organismus regelmäßig mit Wirkstoff versorgt ist.

   Zeitplan: ______________________________

   ____

3. Ich bin darüber informiert, dass in den Kapseln/Zäpfchen ausschließlich die Medikamente enthalten sind, die ich auch bisher brauchte:

   ____

   ____

4. Für die Dauer des Programms werde ich über meine Schmerzen sorgfältig Tagebuch führen (schmerzhaft = 0, stärkste denkbare Schmerzen = 10).
5. Ich werde die Behandler laufend über meine Schmerzen und Beschwerden informieren. Ich verzichte für die Dauer des Programms auf Fragen nach der Menge der in den Kapseln/Zäpfchen enthaltenen Wirkstoffe.
6. Über den Behandler und die im Programm mitarbeitende Apotheke werde ich für die Dauer des Programms mit Schmerzmitteln versorgt. Ich nehme mir ernsthaft und dringend vor, keine zusätzlichen Mittel einzunehmen.

______________________________ ______________________________

Behandler Patient/Patientin

Aus ©Wildgrube, 1999

Multiaxiale Schmerzklassifikation – Psychosoziale Dimension (MASK-P): Ratingbogen

Patient/Patientin: ______________________ geb.: ________ Datum: ________

Achsenzusatzkodierung: *Für alle MASK-P Achsen wird jeweils eines der folgenden Merkmale vorgegeben:*

1 Achse wurde nicht untersucht
2 keine Auffälligkeiten identifizierbar
3 Patient/in sieht Auffälligkeiten nicht
4 Patient/in sieht Auffälligkeiten

Achse 1: Motorisch-verhaltensmäßige Schmerzverarbeitung

_ Achsenzusatzkodierung *(kodiere 1, 2, 3 oder 4)*

_ 1 Ausgeprägt non-verbales Schmerzverhalten
_ 2 Ausgeprägt verbales Schmerzverhalten
_ 3 Diskrepanz zwischen verbalem und non-verbalem Schmerzverhalten
_ 4 Defizite im Bitten um soziale Unterstützung
_ 5 Ausgeprägte Vermeidung körperlicher Aktivitäten
_ 6 Ausgeprägte Vermeidung sozialer Aktivitäten
_ 7 Ausgeprägtes Durchhaltevermögen
_ 8 Nichteinhaltung erforderlichen Gesundheitsverhaltens

Achse 2: Emotionale Schmerzverarbeitung

_ Achsenzusatzkodierung *(kodiere 1, 2, 3 oder 4)*

_ 1 Traurig-niedergeschlagene Stimmung
_ 2 Ärgerlich-gereizte Stimmung
_ 3 Ängstliche Stimmung
_ 4 Leichte innere Erregbarkeit
_ 5 Eingeschränktes emotionales Erleben
_ 6 Mangelnder Emotionsausdruck
_ 7 Übertrieben positiver Emotionsausdruck

Achse 3: Kognitive Schmerzverarbeitung

_ Achsenzusatzkodierung *(kodiere 1, 2, 3 oder 4)*

_ 1 Hilflosigkeit/Katatrophisieren
_ 2 Resignation/Hoffnungslosigkeit
_ 3 Suizidgedanken
_ 4 Mangelhafte Wahrnehmung körperlicher Vorgänge
_ 5 Ausgeprägte Bagatellisierung körperlicher Vorgänge
_ 6 Ausgeprägte Selbstaufmerksamkeit für körperliche Vorgänge
_ 7 Ausgeprägter Durchhalteappell

Achse 4: Krankheitsbezogene Metakognitionen

_ Achsenzusatzkodierung *(kodiere 1, 2, 3 oder 4)*

- _ 1 Ausgeprägtes somatisches Krankheitsmodell
- _ 2 Ausgeprägte stabile Ursachenattribution
- _ 3 Ausgeprägte externe Kontrollattribution
- _ 4 Ausgeprägte interne Kontrollattribution
- _ 5 Schuldzuschreibungen
- _ 6 Ausgeprägte Fear-Avoidance-Beliefs
- _ 7 Ausgeprägte Endurance-Beliefs

Achse 5: Aktuelle Stressoren

_ Achsenzusatzkodierung *(kodiere 1, 2, 3 oder 4)*

- _ 1 Physikalische Belastungen am Arbeitsplatz
- _ 2 Psychosoziale Belastungen am Arbeitsplatz
- _ 3 Unklarer beruflicher Stress
- _ 4 Erhebliche finanzielle Belastungen
- _ 5 Probleme im Familien- und/oder Freundeskreis
- _ 6 Ehe-/Partnerschaftsprobleme
- _ 7 Belastungen durch zusätzliche gesundheitliche Probleme
- _ 8 Krisenhafte Ereignisse
- _ 9 Belastungen im Freizeitbereich

Achse 6: Traumata/Belastungen in der Lebensgeschichte

_ Achsenzusatzkodierung *(kodiere 1, 2, 3 oder 4)*

- _ 1 _ Verlust naher Angehöriger/Bezugspersonen
- _ 2 _ Konflikte innerhalb der Familie/Partnerschaft
- _ 3 _ Konflikte am Arbeitsplatz
- _ 4 _ Körperliche und/oder psychische Misshandlungen
- _ 5 _ Verlust/Bedrohung der existenziellen Basis
- _ 6 _ Akute Lebensbedrohung
- _ 7 _ Harte Erziehungsbedingungen mit emotionaler Entbehrung
- _ 8 _ Schwere körperliche/psychische Erkrankung naher Bezugspersonen
- _ 9 _ Eigene schwere körperliche/psychische Erkrankung

↑

Zeit-Zusatzkodierung: *(für jede beobachtete körperliche Belastung ist der relevante Zeitraum zu kodieren)*

1 Kindheit (bis 6 Jahre)
2 Jugendzeit (bis 18 Jahre)
3 Erwachsenenalter (ab 18 Jahre)
4 Kindheit und Jugendzeit
5 Jugendzeit und Erwachsenenalter
6 Kindheit und Erwachsenenalter
7 Kindheit, Jugend und Erwachsenenalter

Achse 7: Habituelle Personenmerkmale

_ Achsenzusatzkodierung *(kodiere 1, 2, 3 oder 4)*

- _ 1 Selbstüberforderung bei exzessivem Leistungsanspruch
- _ 2 Mangelnde soziale Kompetenz
- _ 3 Selbstwertdefizite
- _ 4 Starre Norm- und Wertvorstellungen
- _ 5 Mangelnde Selbstreflexion/Introspektionsfähigkeit
- _ 6 Mangelnde Fähigkeit zur Wahrnehmung eigener Stressreaktionen
- _ 7 Ausgeprägte Endurance-Beliefs
- _ 8 Abhängigkeitsverhalten

Achse 8: Maladaptive Stressverarbeitung

_ Achsenzusatzkodierung *(kodiere 1, 2, 3 oder 4)*

- _ 1 Katastrophisierend/vermeidende Stressverarbeitung
- _ 2 Resignativ/rückzugsbetonte Stressverarbeitung
- _ 3 Ärgerbetonte Stressverarbeitung und Kontrollillusion
- _ 4 Mangelnde Wahrnehmung und Bagatellisierung von Stressreaktionen
- _ 5 Übermäßige Ablenkung bei Stress
- _ 6 Mangel an entspannungsfördernden Formen der Stressbewältigung
- _ 7 Mangel an emotionsregulierenden Formen der Stressbewältigung
- _ 8 Mangel an sozial kompetenter Stressverarbeitung

Achse 9: Psychophysiologische Dysregulation

_ Achsenzusatzkodierung *(kodiere 1, 2, 3 oder 4)*

- _ 1 Situationsspezifisch erhöhte Aktivität symptomrelevanter Muskulatur
- _ 2 Habituell erhöhte Aktivität symptomrelevanter Muskulatur
- _ 3 Situationsspezifisch erhöhte Aktivität verschiedener Muskeln
- _ 4 Habituell erhöhte motorische Unruhe
- _ 5 Situationsspezifisch erhöhte symptomrelevante vegetative Aktivität
- _ 6 Habituell erhöhte symptomrelevante vegetative Aktivität
- _ 7 Situationsspezifisch erhöhte Aktivität verschiedener vegetativer Systeme
- _ 8 Habituell erhöhte Aktivität verschiedener vegetativer Systeme

Achse 10: Konflikt-Verarbeitungsstil

_ Achsenzusatzkodierung *(kodiere 1, 2, 3 oder 4)*

- _ 1 Schizoider Verarbeitungsstil
- _ 2 Depressiver Verarbeitungsstil
- _ 3 Zwanghafter Verarbeitungsstil
- _ 4 Histrionischer Verarbeitungsstil
- _ 5 Narzisstischer Verarbeitungsstil
- _ 6 Borderline-Verarbeitungsstil

Achse 11: MASK-P-Diagnosen: Funktionale Zusammenhänge

Schmerzlokalisation: ______________________________

Achsenzusatzkodierung *(kodiere 1, 2, 3 oder 4 bei jeder zutreffenden Diagnose vor dem Punkt)*

_ _.111 bei maladaptiver Schmerzverarbeitung

_ _.1111 bei ängstlich-vermeidender Schmerzverarbeitung
_ _.1112 bei depressiv-suppressiver Schmerzverarbeitung
_ _.1113 bei betont heiter-suppressiver Schmerzverarbeitung
_ _.1114 bei ärgerlich-gereizter Schmerzverarbeitung
_ _.1115 bei aufmerksamkeitsfokussierter Schmerzverarbeitung

_ _.112 bei klassischen Konditionierungsprozessen

_ _.1121 bei sensorischer Konditionierung
_ _.1122 bei interozeptiver Konditionierung
_ _.1123 bei emotionaler Konditionierung

_ _.113 bei operanten Konditionierungsprozessen

_ _.1131 bei schmerzkontingenter negativer Verstärkung durch das soziale Umfeld
_ _.1132 bei schmerzkontingenter positiver Verstärkung durch das soziale Umfeld
_ _.1133 bei negativer Verstärkung durch Verringerung von Stress und Konflikten
_ _.1134 bei negativer Verstärkung durch Vermeidung einer Selbstwertbedrohung
_ _.1135 bei positiver Verstärkung durch Erhöhung des Selbstwertempfindens

_ _.114 bei Einfluss von psychosozialem Stress

_ _.1141 bei Einfluss aktueller Stressoren
_ _.1142 bei Einfluss maladaptiver Stressverarbeituug

_ _.115 bei Schmerz als Teil einer Reaktion auf schwere Belastungen und kritische Lebensereignisse

_ _.116 bei Somatisierung psychischen Leidens

_ _.1161 bei Umwandlung von Affekten in eine psychophysische Daueranspannung
_ _.1162 bei Konversion
_ _.1163 bei narzisstischem Mechanismus

_ _.117 bei Schmerz auf der Basis früherer Belastungen und Überforderungen

_ _.118 bei beziehungsstabilisierender Funktion

_ _.1181 bei beziehungsstabilisierender Funktion im partnerschaftlichen/ familiären System
_ _.1182 bei beziehungsstabilisierender Funktion im beruflichen System
_ _.1183 beziehungsstabilisierender Funktion im Behandlungskontext

Multiaxiale Schmerzklassifikation – Psychosoziale Dimension (MASK-P): Diagnose- und Befundbogen

Patient/Patientin: ______________________ geb.: ________ Datum: ________

Untersucher/in: ____

MASK-P Diagnosen (Funktionale Zusammenhänge)

	Zusatz	Achse	Spezifizierung	
I.	.	11		
II.	.	11		
III.	.	11		

ICD-10 (Kap. V) / DSM-IV-Diagnosen

	*Zshg.**	*ICD-10*	*DSM-IV*	*Untersucher***

** Hier ist die Art des Zusammenhanges zwischen ICD/DSM-Diagnose und der Schmerzdiagnose anzugeben:*
1 = ICD/DSM-Diagnose steht in direktem Zusammenhang mit den Schmerzen (Ziffer in Klammern gibt an zu welchen, z. B. I.,II. etc.)
2 = ICD/DSM-Diagnose steht nicht in direktem Zusammenhang mit den Schmerzen (Komorbidität)

*** Hier ist der Name desjenigen Untersuchers einzutragen, der die ICD/DSM-Diagnose vergeben hat.*

MASK-P-Befund

(Dokumentation der drei relevantesten Auffälligkeiten der phänomenologischen Achsen 1–10)

	Zusatz	*Achse*	*Ziffer*
	.		
	.		
	.		

(hier Dokumentation aller MASK-P-Befunde aus Achse 1–10; ggf. sind mehr Zeilen erforderlich)

	.		
	.		
	.		
	.		
	.		
	.		
	.		
	.		
	.		

Weiterer Klartextbefund und Bemerkungen

(Zusammenfassung des Befundes aus den Achsen 1–10 und weitere Anmerkungen, z. B. Empfehlungen zu weiteren diagnostischen/therapeutischen Schritten als Freitext)

Kopfschmerz-

von: ....

Woche vom .... ***bis zum***	***Montag***	***Dienstag***
Hast Du heute etwas Aufregendes erlebt?	nein ☐	nein ☐
Wenn ja, war es etwas Schönes ☺ oder etwas Unangenehmes ☹? Kreuze bitte an:	ja ☺ ja ☹ Was denn?	ja ☺ ja ☹ Was denn? ....
Hattest Du heute Kopfschmerzen?	nein ☐ STOPP	nein ☐ STOPP
Nur bei Kopfschmerz ausfüllen:	ja ☐ dann mach bitte weiter	ja ☐ dann mach bitte weiter
Wie stark war Dein Kopfschmerz?	0 1 2 3 4 5 6 7 8 9 10	0 1 2 3 4 5 6 7 8 9 10
Wie lange dauerte Dein Kopfschmerz? Male bitte die Uhr an; morgens von 7–11 Uhr, z. B. so: (tagsüber 12 9 3 6)	tagsüber 12 9 3 6 nachts 12 9 3 6	tagsüber 12 9 3 6 nachts 12 9 3 6
Hast Du heute wegen Kopfschmerzen in der Schule gefehlt? (ganz oder ein paar Stunden)?	ja ☐ nein ☐	ja ☐ nein ☐
Hast Du heute Medikamente gegen Kopfschmerzen genommen?	ja ☐ nein ☐	ja ☐ nein ☐
Hast Du Dich heute wegen der Kopfschmerzen hingelegt?	ja ☐ nein ☐	ja ☐ nein ☐
Das ***Tagebuch*** verschafft Dir Übersicht, darum hat's so viel Gewicht!	Klebe Dir hier Deinen **Sticker** auf!	Klebe Dir hier Deinen **Sticker** auf!

Tagebuch

....

STOPP den Kopfschmerz!

Mittwoch	Donnerstag	Freitag	Samstag	Sonntag
nein ☐ ja ☺ ja ☹ Was denn? .... nein ☐ STOPP	nein ☐ ja ☺ ja ☹ Was denn? .... nein ☐ STOPP	nein ☐ ja ☺ ja ☹ Was denn? .... nein ☐ STOPP	nein ☐ ja ☺ ja ☹ Was denn? .... nein ☐ STOPP	nein ☐ ja ☺ ja ☹ Was denn? .... nein ☐ STOPP
ja ☐ dann mach bitte weiter 0 1 2 3 4 5 6 7 8 9 10 tagsüber nachts 12 12 9 3 9 3 6 6 ja ☐ nein ☐ ja ☐ nein ☐ ja ☐ nein ☐	ja ☐ dann mach bitte weiter 0 1 2 3 4 5 6 7 8 9 10 tagsüber nachts 12 12 9 3 9 3 6 6 ja ☐ nein ☐ ja ☐ nein ☐ ja ☐ nein ☐	ja ☐ dann mach bitte weiter 0 1 2 3 4 5 6 7 8 9 10 tagsüber nachts 12 12 9 3 9 3 6 6 ja ☐ nein ☐ ja ☐ nein ☐ ja ☐ nein ☐	ja ☐ dann mach bitte weiter 0 1 2 3 4 5 6 7 8 9 10 tagsüber nachts 12 12 9 3 9 3 6 6 ja ☐ nein ☐ ja ☐ nein ☐ ja ☐ nein ☐	ja ☐ dann mach bitte weiter 0 1 2 3 4 5 6 7 8 9 10 tagsüber nachts 12 12 9 3 9 3 6 6 ja ☐ nein ☐ ja ☐ nein ☐ ja ☐ nein ☐
Klebe Dir hier Deinen **Sticker** auf!	Klebe Dir hier Deinen **Sticker** auf!	Klebe Dir hier Deinen **Sticker** auf!	Klebe Dir hier Deinen **Sticker** auf!	Klebe Dir hier Deinen **Sticker** auf!

Kopfschmerzanamnese und Diagnostikempfehlungen	
Achtung: Bitte immer den Zuweisungskontext vergegenwärtigen: Wer hat den Patienten überwiesen, welche Untersuchungen bzw. Behandlungen schon hinter ihm liegen? Wie freiwillig kommt der Patient? Deutlich machen, dass die Psychotherapie in einem interdisziplinären Behandlungskontext stattfindet, d. h. organmedizinische Diagnosen und Annahmen nicht tabuisiert werden.	
Bereiche der Anamnese und Diagnostik	**ergänzende diagnostische Instrumente**
Symptombeschreibung	
– typische Anfallsverläufe	Schmerztagebuch
– verschiedene Arten von KS	LKS, SES, DGSS
– Häufigkeit, Intensität, Qualität	Psychophysiologie
– Lokalisation	
– ankündigende Empfindungen	
– Begleitsymptome	
– Anfallscharakteristika	
Auslöser	
– physikalische und bioklimatische Auslöser (Wetter)	Schmerztagebuch KSI, ABF, MASK-P
– psychische Auslöser, Stress	
– Auszeiten	
Symptomgenese	
– erstes Auftreten (Zeitpunkt, Lebenssituation)	PDI, FESV
– Kovariation mit kritischen Lebensereignissen	
– Veränderungen der Lebenssituation durch KS	
– Veränderung des Selbsterlebens	
Lernbedingungen des KS	
– operante und respondente Anteile	MASK-P
– sekundärer Krankheitsgewinn und Partnerverhalten	
– Modelle in der Familie	
Schmerzverarbeitung	
– kognitive, emotionale und	KSI, FESV
– behaviorale Schmerzverarbeitung	MASK-P

Kopfschmerzanamnese und Diagnostikempfehlungen	
Bereiche der Anamnese und Diagnostik	**ergänzende diagnostische Instrumente**
Stress, kognitiver und emotionaler Stil	
– Körper- und Emotionswahrnehmung	FPI
– Expressive Hemmung, Depressivität	FEMKO 18, BDI
– Umgang mit Zeitdruck, Belastungen und Misserfolg	ABF, SVF, MASK-P Aktivitätstagebuch
– negative Kognitionen	Psychophysiologie
– Ressourcen: positive Kognitionen	
– Umgang mit Erfolg, self-efficacy	
Behandlungen und Selbstbehandlungen	
– Medikamente und Abusus	
– Paramedizinische Behandlungen	
– Psychologische und psychiatrische Behandlungen	
– Selbstbehandlungen (Hausmittel)	
Behandlungserwartungen	
– medizinische Maßnahmen	
– weitere Diagnosen	
– psychologische Maßnahmen	
• Entspannung, Biofeedback	
• Gesprächstherapeutische Verfahren	
• Stressbewältigung, Selbstbehauptungstraining	
– soziale Beratungen	
Komorbiditätsdiagnostik	SKID
Familie und/oder Partnerschaft	
– Familienstand, Beziehung zum Partner	PDI, MASK-P, ABF
– Wünsche und Realität, Sexualität	BDI
– ggf. Trennungserfahrung	
– Kinder, Beziehung zu den Kindern	
– Familienideal, Realfamilie	
– Konflikthäufigkeit, Intensität, Qualität	
– Beschreibung von Kindheit und Jugend	
– finanzielle Situation	

Kopfschmerzanamnese und Diagnostikempfehlungen	
Bereiche der Anamnese und Diagnostik	**ergänzende diagnostische Instrumente**
Freunde und soziales Netz	
– Häufigkeit von Kontakten	FPI, PDI
– Qualität von Kontakten	
– Beziehungen zur Verwandtschaft	
Berufssituation	
– Art der Arbeit	Aktivitätstagebuch
– Zufriedenheit	
– Beziehungen zu Kollegen	
– Belastungen aus der Arbeit	ABF
– ggf. Probleme mit Arbeitslosigkeit	